Abdelmalek Khorief Nacereddine

Etude expérimentale et théorique des réactions de cycloaddition

Abdelmalek Khorief Nacereddine

Etude expérimentale et théorique des réactions de cycloaddition

La modélisation moléculaire en chimie organique

Presses Académiques Francophones

Impressum / Mentions légales
Bibliografische Information der Deutschen Nationalbibliothek: Die Deutsche Nationalbibliothek verzeichnet diese Publikation in der Deutschen Nationalbibliografie; detaillierte bibliografische Daten sind im Internet über http://dnb.d-nb.de abrufbar.
Alle in diesem Buch genannten Marken und Produktnamen unterliegen warenzeichen-, marken- oder patentrechtlichem Schutz bzw. sind Warenzeichen oder eingetragene Warenzeichen der jeweiligen Inhaber. Die Wiedergabe von Marken, Produktnamen, Gebrauchsnamen, Handelsnamen, Warenbezeichnungen u.s.w. in diesem Werk berechtigt auch ohne besondere Kennzeichnung nicht zu der Annahme, dass solche Namen im Sinne der Warenzeichen- und Markenschutzgesetzgebung als frei zu betrachten wären und daher von jedermann benutzt werden dürften.

Information bibliographique publiée par la Deutsche Nationalbibliothek: La Deutsche Nationalbibliothek inscrit cette publication à la Deutsche Nationalbibliografie; des données bibliographiques détaillées sont disponibles sur internet à l'adresse http://dnb.d-nb.de.
Toutes marques et noms de produits mentionnés dans ce livre demeurent sous la protection des marques, des marques déposées et des brevets, et sont des marques ou des marques déposées de leurs détenteurs respectifs. L'utilisation des marques, noms de produits, noms communs, noms commerciaux, descriptions de produits, etc, même sans qu'ils soient mentionnés de façon particulière dans ce livre ne signifie en aucune façon que ces noms peuvent être utilisés sans restriction à l'égard de la législation pour la protection des marques et des marques déposées et pourraient donc être utilisés par quiconque.

Coverbild / Photo de couverture: www.ingimage.com

Verlag / Editeur:
Presses Académiques Francophones
ist ein Imprint der / est une marque déposée de
OmniScriptum GmbH & Co. KG
Heinrich-Böcking-Str. 6-8, 66121 Saarbrücken, Deutschland / Allemagne
Email: info@presses-academiques.com

Herstellung: siehe letzte Seite /
Impression: voir la dernière page
ISBN: 978-3-8416-3087-2

Zugl. / Agréé par: Annaba, Université Badj Mokhtar Annaba, 2011

Copyright / Droit d'auteur © 2015 OmniScriptum GmbH & Co. KG
Alle Rechte vorbehalten. / Tous droits réservés. Saarbrücken 2015

Dédicaces

A :

Mes Parents

Mes frères et sœurs

Ma femme et ma petite fille

Tous mes amis

Mes collègues de laboratoire

Je dédie ce travail

Remerciements

Ce travail a été réalisé au Laboratoire de Synthèse et Biocatalyse Organique du département de Chimie à l'Université d'Annaba.

Je voudrais exprimer ma profonde reconnaissance à monsieur Abdelhafid DJEROU-ROU Professeur à l'université d'Annaba, qui a accepté de m'encadrer durant les quatres années de cette thèse et de m'avoir fait découvrir la chimie théorique. Je le remercie plus particulièrement pour sa patience, son soutien et son aide présieuse.

J'adresse mes très vifs remerciements à monsieur Zineddine DJEGHABA Professeur à l'université d'Annaba, qui me fait l'honneur d'accepter la présidence du jury de cette thèse.

Je remercie vivement monsieur Djameleddine KHATMI Professeur à l'université de Guelma, pour le temps qu'il a consacré à la lecture de ce manuscript et je suis trés honoré de le compter parmis les membres du jury.

Mes remerciements vont également à monsieur Lotfi BELKHIRI Maître de Conférences à l'université de Constantine davoir accepté de faire partie du jury.
Mes plus sincères remerciements sont aussi adressés à Monsieur Farhi HALAIMIA Maître de Conférences à luniversité de Annaba pour avoir accepté et pris le temps de juger ce travail.

Je ne manquerai pas de remercier monsieur Samir Bouacha pour leur aide. Je voudrais aussi remercier l'ensemble des personnes du laboratoire.
En fin, je voudrais dire un grand merci à mes Parents. En acceptant et en soutenant mes choix tout au long de ma scolarité puis de mes études.

Abreviations

Ac	Acyl
AM1	Austin Model 1
Bn	Benzyl
BV	Basse vacante
CA	Cycloaddition
CD-1,3	Cycloaddition dipolaire-1,3
CLOA	Combinaison linéaire des orbitales atomiques
DA	Diels-Alder
DEI	Demande électronique inverse
DEN	Demande électronique normale
DFT	Density functionnal theory
DZ	Double zeta
EA	Eletroattracteur
ED	Electrodonneur
Et	Ethyl
GTO	Gaussienne type orbitale
HF	Hartree-Fock
HO	Haut occupée
HSAB	Hard and soft acids and bases
IC	Interaction de configuration
LDA	Local density approximation
Me	Méthyl
MP	Moller-Plesset
NPA	Natural population analysis
OA	Orbitale atomique
OM	Orbitale moléculaire
OMF	Orbitales moléculaires frontières
PCM	Polarizable continum model
PES	Potentiel energy surface
RHF	Restreint Hartree-Fock
SCF	Self consistent Field
STO	Slater type orbiatl
TA	Température ambiante
TET	Théorie de L'état de transition
TZ	Triple zeta

ملخص

في هذا العمل قمنا بدراسة نظرية للإختيارية المنطقية و الفضائية الملاحظة تجريبيا لتفاعل الإضافة الحلقية 1,3-ثنائي القطب بين C-ثنائي-إيتوكسيفوسفوريل-N-متيل نترون و الألكنات بها مختلف المستبدلات (الكحول الأليلي و أكريلات المتيل). هذا العمل أنجز بإستعمال طريقة DFT في المستوى النظري B3LYP/6-31G(d,p). التحليل OMF و مؤشرات الفعالية المشتقة من DFT تؤكد الإتجاه الاختياري المنطقي ortho. تحليل سطح الطاقة الكامنة يبين بأن تفاعلات الإضافة الحلقية هذه تفضل تكوين المركب -ortho trans في كلتا الحالتين. النتائج المتحصل عليها على توافق مع المعطيات التجريبية.

Résumé

Dans ce travail, nous avons étudié théoriquement la régiosélectivité et la stéréosélectivité observées expérimentalement dans les réactions de cycloaddition dipolaire-1,3 entre la C-diéthoxyphosphoryl-N-méthylnitrone et des alcènes diversement substitués. Ce travail a été réalisé utilisant la méthode DFT au niveau B3LYP/6-31G(d,p). L'analyse des OMF et des indices de réactivité dérivant de la DFT confirment la voie régioisomérique *ortho*. l'analyse du surface d'énergie potentiel montre que ces réactions de cycloaddition favorisent la formation du cycloadduit *ortho-trans* dans les deux cas. Les résultats obtenus sont en accord avec les données expérimentales.

Abstract

In this work, we have investigated theoretically the regio- and the stereoselectivities observed experimentally of the 1,3-dipolar cycloaddition reactions of C-diethoxyphosphoryl-N-methylnitrone with substituted alkenes. this work is carried out using DFT at the B3LYP/3-31G(d,p) level of theory. The FMO analysis and DFT-based reactivity indices confirmed the experimental *ortho* regioisomeric pathway. Potential energy surface analysis shows that these 1,3-dipolar cycloaddition reactions favor the formation of the *ortho-trans* cycloadduct in both cases. The obtained results are in agreement with experimental data.

Table des figures

1	Différenciation des cycloadditions	2
2	Composés biologiquement actifs dérivés à partir d'α-aminophosphonates	3
3	Synthèse des 1-amino-3-hydroxyphosphonates par réaction de CD-1,3	4
4	Cyloaddition dipolaire-1,3 de la nitrone 1 avec des alcènes monosubstitués	4
1.1	Réaction [3+2] du dipôle-1,3 avec un dipôlarophile.	10
1.2	Type d'anion allylique.	10
1.3	Type d'anion propargylique.	11
1.4	Type d'anion allyle.	11
1.5	Type d'anion propargylique/allénique.	12
1.6	Interaction des orbitales moléculaires frontières.	13
1.7	Mécanisme concerté.	13
1.8	Combinaison suprafaciale des orbitales Pz à l'état de transition.	14
1.9	Combinaisons orbitalaires possibles.	14
1.10	Mécanisme non-concerté.	15
1.11	Mécanisme radicalaire.	15
1.12	Comparaison entre la structures de nitrone et de cétone.	16
1.13	Synthèse des isoxazolidines.	16
1.14	Cyloaddition dipolaire-1,3 avec des alcènes monosubstitués.	17
1.15	Polarité des dipôlarophiles.	17
1.16	CD-1,3 entre l'acrylate de méthyle et la C-éthoxycabonyl-N-benzylnitrone.	18
1.17	Formation des stéréoisomères possibles issues de la CD-1,3 entre une nitrone et un alcène.	18
1.18	Réaction entre une nitrone et un alcène 1,2-disubstitué.	18
1.19	Diagramme OMF des demandes électroniques normale et inverse de CD-1,3 de nitrone avec alcène en absence et en présence d'acide de Lewis.	19
1.20	Réaction de CD-1,3 entre la nitrone simple et des alcènes diversement substitués.	20
1.21	Réaction de CD-1,3 entre la nitrone simple et le chlorosulfonyle de vinyle.	21
1.22	Réaction de CD-1,3 de la nitrone simple avec des alcènes fluorés	21
1.23	Réaction de CD-1,3 de la nitrone simple avec nitroéthylène	22
1.24	Réaction de CD-1,3 entre la nitrone simple et le vinylborane	22
1.25	Structure de la nitrone activée en α et de la glycine	23
1.26	L'équilibre de deux isomères de la nitrone activée en α	23
1.27	CD-1,3 de la nitrone activée en α	24

1.28	Réaction de CD-1,3 de la *C*-méthoxycarbonyl-*N*-méthylnitrone avec l'acrylate de méthyle et l'acétate de vinyle	25
1.29	Les réactifs de la réaction de CD-1,3 étudiée par Merino	25
1.30	Réaction de CD-1,3 entre *C*-méthylnitrone avec l'acrylonitrile	26
1.31	Equilibre géométrique de la nitrone non activée en α	26
1.32	Réaction de CD-1,3 entre des nitrones non-activées et des alcènes	26
1.33	Réaction de CD-1,3 de la *C,N*-diphénylnitrone avec le *tert*-butyl vinyl éther	27
1.34	Réaction de CD-1,3 entre la *C*-phényl-*N*-méthylnitrone et cinamonitrile	27
1.35	Réaction de la *C*-aryl-*N*-méthyl/arylnitrone avec carboxylates 1-acétyvinyle	28
1.36	Les structures des *C*-hétarylnitrones et des alcènes	28
1.37	Réaction de CD-1,3 entre *C,N*-diphénylnitrone et l'acroléine	29
1.38	Procédure de synthèse de la nitrone cyclique de Katagiri	29
1.39	CD-1,3 de la nitrone de Tamura avec des alcènes	30
1.40	Comparaison entre les structures des nitrones cycliques de Katagiri et Tamura	30
1.41	Réaction de CD-1,3 des nitrones cycliques non-activées	31
1.42	Réaction de CD-1,3 entre des nitrones cycliques à cinq chainons avec des γ-ou δ-lactones et des éthers cycliques	32
1.43	Réaction de CD-1,3 entre des nitrones type oxazoline avec des alcènes électroappauvris	33
1.44	Réaction de CD-1,3 de la nitrone préparée à partir de L-érythrulose avec l'acrylate d'éthyle et l'acrylonitrile	33
1.45	Réaction de CD-1,3 entre la 1-pyrroline-1- oxyde et le méthylène cétène	34
1.46	Réaction de CD-1,3 de nitrones cycliques à six chainons avec des γ-lactones	34
2.1	Comparaison entre STO et GTO	42
3.1	Surface d'énergie potentiellle	47
3.2	Interaction possibles entre les centres atomiques	49
4.1	Bilan de la réaction	57
4.2	La structure de la nitrone **1**	58
4.3	Les isomères *Z* et *E* de la nitrone **1**	58
4.4	La géométrie optimisée de la nitrone **1**	59
4.5	La géométrie optimisée du dipôlarophile **2a**	59
4.6	Les voies possibles de la réaction de CD-1,3 entre la nitrone **1** et l'alcène **2a**	60
4.7	Représentation schématique des interactions possibles HO/BV de la CD-1,3 entre la nitrone **1** et l'alcène **2a**	61
4.8	Numérotation des atomes de **1** et **2a**	61
4.9	Illustration des interactions favorables utilisant les indices d'électrophilicité locales (ω^+ gras, ω^- normal)	64
4.10	Structures de transitions de cycloaddition dipolaire-1,3 de la nitrone **1** et alcène **2a**	66
4.11	Profiles énergétiques, en kcal/mole de la réaction de CD-1,3 entre **1** et **2a**	67
5.1	Conformères s-*trans* et s-*cis* de l'acrylate de méthyle	68
5.2	Géométrie optimisée du conformère s-*trans* de **2b**	69
5.3	Les voies possibles de la réaction de CD-1,3 entre la nitrone **1** et l'alcène **2b**	70

5.4	Numérotation des atomes des réactifs **1** et **2b**	70
5.5	Représentation schématique des interactions possibles HO/BV de la CD-1,3 entre la nitrone **1** et l'alcène **2b**.	71
5.6	Illustration des interactions favorables utilisant les indices d'électrophilicité locales (ω^+ gras, ω^- normal)	73
5.7	Structures de transitions de CD-1,3 entre la nitrone **1** et alcène **2b**	75
5.8	Profiles énergétiques, en kcal/mole de la réaction de CD-1,3 entre **1** et **2b**	76
5.9	Interaction entre les orbitales P_Z secondaires dans ST-5-*endo*	77
5.10	Interaction entre les atomes d'oxygène dans ST-6-*endo*	77
5.11	procédure de calcul	93
5.12	Article page 2617	95
5.13	Article page 2618	96
5.14	Article page 2619	97
5.15	Article page 2620	98
5.16	Article page 2621	99

Liste des tableaux

1.1	Données expérimentales de CD-1,3 des nitrones activées en α	24
1.2	Réaction de CD-1,3 entre des nitrones non-activées et des alcènes	27
1.3	Réactions de CD-1,3 entre des nitrones cycliques non-activées et des alcènes	31
4.1	Données expérimentales de la sélectivité	57
4.2	Les énergies des isomères Z et E de la nitrone **1**	58
4.3	L'écart énergétique entre les deux combinaisons possibles HO/BV	61
4.4	Coefficients atomiques des OMF de la nitrone **1** et l'alcène **2a**	62
4.5	Potentiel électronique chimique μ et indices d'électrophilicité ω	62
4.6	Les indices locaux de Fukui et électrophilicité locales de **1** et **2a**	63
4.7	Les énergies et les énergies relatives des réactants, états de transition, et produits de la réaction entre **1** et **2a**	64
5.1	Les énergies des conformères s-*trans* et s-*cis* de l'acrylate de méthyle	69
5.2	L'écart énergétique entre les deux combinaisons possibles HO/BV	70
5.3	Coefficients atomiques des OMF de la nitrone **1** et l'alcène **2b**	71
5.4	Potentiel électronique chimique μ et indices d'électrophilicité ω	72
5.5	Les indices locaux de Fukui et électrophilicité locales de **1** et **2b**	72
5.6	Les énergies et les énergies relatives des réactants, états de transition, et produits de la réaction entre **1** et **2b**	73

Table des matières

Introduction générale ... 1

I Etude bibliographique ... 6

1 Les réactions de cycloadditions ... 7
- 1.1 Introduction ... 7
- 1.2 Historique ... 8
- 1.3 Aspects basiques ... 9
  - 1.3.1 Les dipôles-1,3 ... 9
  - 1.3.2 Interaction des orbitales moléculaires frontières ... 9
  - 1.3.3 Mécanisme ... 10
  - 1.3.4 Les nitrones ... 12
  - 1.3.5 La régiosélectivité ... 14
  - 1.3.6 La stéréosélectivité ... 16
  - 1.3.7 La stéréosélectivité $cis/trans$ ... 17
  - 1.3.8 La stéréosélectivité faciale (1/2) ... 17
  - 1.3.9 Interaction des OMF dans les réactions de CD-1,3 ... 19
- 1.4 Effet du substituant ... 19
  - 1.4.1 Substituant porté par l'alcène ... 19
  - 1.4.2 Substituant porté par la nitrone ... 23

2 Méthodes de modélisation ... 35
- 2.1 Méthodes de chimie quantique ... 35
  - 2.1.1 Introduction ... 35
  - 2.1.2 Les méthodes $ab\text{-}initio$ ... 35
  - 2.1.3 La théorie de la fonctionnelle de la densité (DFT) ... 40
  - 2.1.4 Les Bases d'orbitales atomiques ... 41

3 Modèles et indices de réactivité chimique ... 45
- 3.1 La théorie de l'état de transition ... 45
  - 3.1.1 Surface d'énergie potentielle ... 46
  - 3.1.2 Caractérisation des points stationnaires ... 46
  - 3.1.3 Recherche de l'état de transition ... 47
- 3.2 Théorie des orbitales moléculaires frontières ... 48

TABLE DES MATIÈRES   X

       3.2.1   L'énergie des orbitales frontières 48
       3.2.2   Les coefficients des orbitales atomiques 49
  3.3 Les indices de réactivité dérivant de la DFT 49
       3.3.1   Les indices globaux 50
       3.3.2   Les indices locaux 51

Conclusion   53

II   Résultats et discussion   55

4 Réaction avec l'alcool allylique   56
  4.1 Données expérimentales 56
       4.1.1   Introduction 56
       4.1.2   Résultats expérimentaux 57
       4.1.3   Choix du modèle 57
       4.1.4   Choix de l'isomère 58
  4.2 Géométrie des réactifs 59
  4.3 Sélectivité 60
       4.3.1   La régiosélectivité *ortho/méta* 60
       4.3.2   Stéréosélectivité *cis/trans* 63

5 Réaction avec l'acrylate de méthyle   68
  5.1 Géométries des réactifs 68
  5.2 Sélectivité 69
       5.2.1   La régiosélectivité *ortho/méta* 69
       5.2.2   Stéréosélectivité *cis/trans* 72

Conclusion   78

Conclusion générale   80

Bibliographie   83

Annexe   91

Introduction générale

Introduction générale

Souvent la compréhension des processus chimiques ou biochimiques passe aujourd'hui par l'étude théorique des différentes réactions chimiques qu'ils mettent en jeu [1]. La modélisation moléculaire est largement utilisée comme un appui pour l'interprétation des résultats expérimentaux, et aussi pour la conception de nouveaux produits possédant des propriétés souhaitables. La modélisation moléculaire basée sur que les propriétés moléculaires importantes comme les propriétés électroniques, la stabilité et la réactivité, sont liées à la structure moléculaire [2].

Les réactions de cycloaddition

Les réactions de cycloaddition (CA) possèdent une importance particulière en chimie organique, elles offrent une méthode utile pour la synthèse des structures cycliques, et hétérocycliques très complexes, en plus ces réactions sont caractérisées par un rendement élevé, diverses fonctionnalitées et un bon contrôle de la stéréochimie [3]. Les réactions de cycloaddition comportent la combinaison de deux molécules pour former un cycle, leur mécanisme repose sur la réorganisation des électrons π des réactifs pour former deux nouvelles liaisons σ. Les cycloadditions peuvent être différenciées entre eux par le nombre des électrons π impliqués dans chaque espèce (Figure 1).

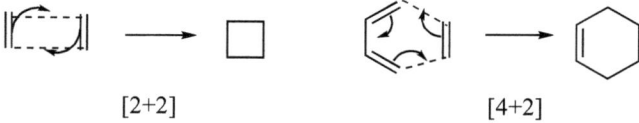

FIG. 1 – Différenciation des cycloadditions

Les réactions de CA les plus importantes sont les réactions de Diels-Alder ou [4+2]. Elles ont lieu entre un diène et un dérivé d'alcène. Dans le cas des réactions 1,3-dipolaires ou [3+2], elles incluent un dipôle-1,3 où les quatre électrons π se répartissent entre trois atomes adjacents.

Les Cycloaddition dipolaire-1,3

La cycloaddition dipolaire-1,3 (CD-1,3) entre un dipôle-1,3 et un dipôlarophile (un alcène ou un alcyne) représente une méthode de choix pour la synthèse des hétérocycles à cinq chaînons [4, 5]. Parmi ce genre de réactions, les CD-1,3 des nitrones avec les alcènes sont les plus importantes [4], elles conduisent à des cycles isoxazolidiniques qui

INTRODUCTION GENERALE

renferment une activité antimicrobienne [6, 7], et inhibition d'enzymes [8, 9], ils sont aussi utilisés comme analogues de nucléosides, où un cycle de furanose a été remplacé par un système isoxazolidiniques, qui ont montré une activité antivirale potentielle [10, 11]. Les réactions de CD-1,3 sont aussi utilisées pour la synthèse des produits naturels, comme les alcaloïdes, les α-aminoacides, les β-lactames, les sucres aminés et également les 1,3-amino-alcools obtenus par la rupture de la liaison N-O [12, 13].

Les α-aminophosphonates

La synthèse des α-aminophosphonates fonctionnalisées a été d'un interêt particulier, du fait que les α-aminophosphonates sont connues comme des mimétiques structuraux des α-aminoacides naturels ; produits connus pour leurs potentialités thérapeutiques [14, 15] (Figure 2).

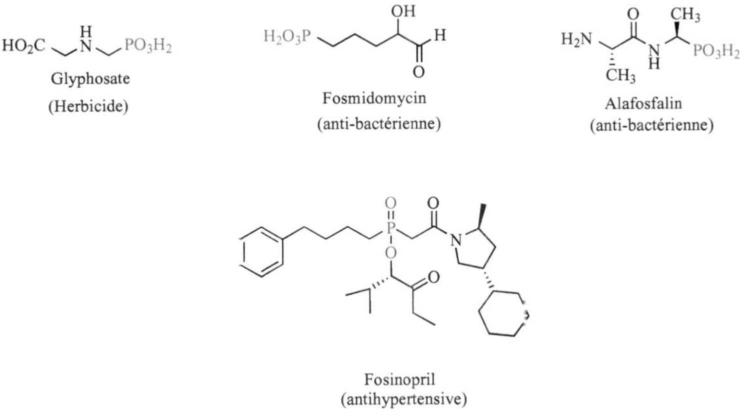

FIG. 2 – Composés biologiquement actifs dérivés à partir d'α-aminophosphonates

Les 3-phosphorylisoxazolidines peuvent être employés comme des intermédiaires clés pour la synthèse des 1-amino-3-hydroxyphosphonates sous des conditions douces de réduction, puis transformation en 4-hydroxy-2-amino-acide phosphonique (Figure 3).

La Sélectivité

Dans les années récentes, l'objet majeur est le développement des réactions de cycloaddition dipolaire-1,3, qui sont arrivés à un nouveau stade de contrôle de la régiochimie et la stéréochimie à l'étape d'addition. La stéréochimie de ces réactions peut être contrôlée

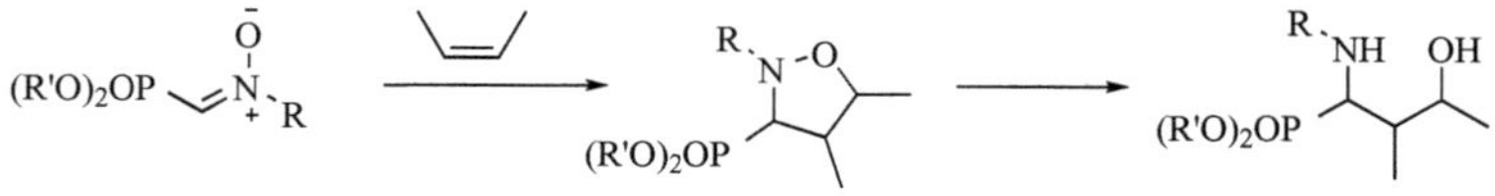

FIG. 3 – Synthèse des 1-amino-3-hydroxyphosphonates par réaction de CD-1,3

soit par le choix des substrats appropriés, ou par l'utilisation d'un catalyseur agissant comme un acide de Lewis [5]. Les deux facteurs essentiels sont les effets stériques et électroniques qui peuvent influencer la stéréochimie de ces réactions [16, 17]. La nature du substituant porté par le centre réactif du dipôle ou le dipôlarophile peut avoir une influence déterminante sur le chemin réactionnel suivi.

Nous présenterons dans ce travail une étude théorique des effets électroniques du substituant sur la régiosélectivité et la stéréosélectivité de certaines réactions de CD-1,3, on ne peut pas aussi négliger l'effet de proximité sur la stabilité des produits obtenus, la prise en compte des effets de ces deux facteurs revêt donc une importance essentielle sur la modélisation de la sélectivité. On connaît que les substituants sont divisés en deux groupes, d'une part on trouve le groupement électroattracteur et d'autre part électrodonneur.

Objectif

Notre travail s'appuiera sur les résultats expérimentaux de Dorota Piotrowska [18, 19] ; ces réactions conduisant d'une manière régiospécifique à la formation des isoxazolidines substitués en 5 (voie *ortho*), et stéréoselective au produit *trans* (approche *endo*), qui est le plus favorisé(Figure 4).Dans cette étude on se propose d'analyser théoriquement l'effet du substituant porté par l'alcène surla régiosélectivité et la stéréoselectivité de la réaction de CD-1,3 entre la C-diéthoxyphosphoryl-N-méthylnitrone avec des alcènes substitués en l'occurrence l'alcool allylique (**2a**) et l'acrylate de méthyle (**2b**).

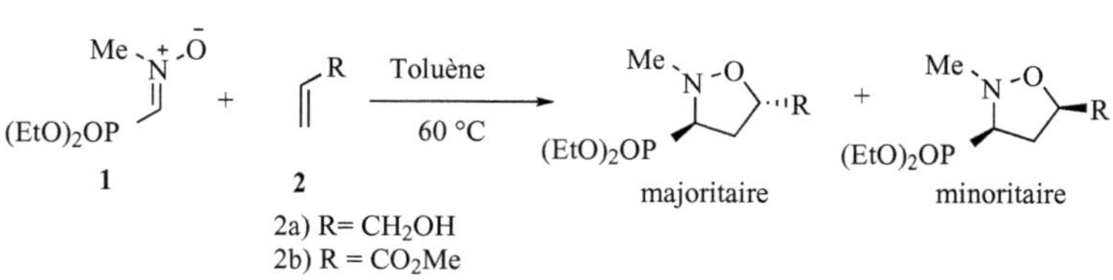

FIG. 4 – Cyloaddition dipolaire-1,3 de la nitrone **1** avec des alcènes monosubstitués

INTRODUCTION GENERALE

Le manuscrit de cette thèse est divisé en deux parties :
La première partie intitulée étude bibliographique comporte trois chapitres :

- Le premier chapitre représente les différents travaux théoriques effectués pour étudier l'origine de la sélectivité des réactions de cycloaddition dipolaire-1,3 entre les nitrones et les alcènes.

- Le deuxième chapitre est consacré à la présentation des méthodes de calcul de la chimie quantique à savoir : méthodes *ab-initio* (HF, MP d'ordre n, IC...etc) et méthodes DFT, ainsi que la description des bases d'orbitales atomiques.

- Dans le troisième chapitre on décrit les différentes théories utilisées pour l'étude de la réactivité et la sélectivité à savoir : la théorie des orbitales frontière OMF [20], la théorie de l'état de transition TET [21, 22] et la théorie de la DFT conceptuelle [23].

La deuxième partie comporte deux chapitres :

-Dans le premier chapitre on présente les résultats de notre étude, concernant la prédiction théorique de la régiosélectivité et la stéréosélectivité pour la réaction de la nitrone **1** avec l'alcène **2a**.

-Dans le deuxième chapitre, on présente les résultats de la prédiction de la régiosélectivité et la stéréosélectivité de la réaction entre la nitrone **1** et l'alcène **2b**.

- Enfin, ce manuscrit se terminera par une conclusion générale et perspectives.

Première PARTIE

Etude bibliographique

Chapitre 1

Les réactions de cycloadditions

Sommaire

1.1	Introduction	7
1.2	Historique	8
1.3	Aspects basiques	9
	1.3.1 Les dipôles-1,3	9
	1.3.2 Interaction des orbitales moléculaires frontières	9
	1.3.3 Mécanisme	10
	1.3.4 Les nitrones	12
	1.3.5 La régiosélectivité	14
	1.3.6 La stéréosélectivité	16
	1.3.7 La stéréosélectivité *cis/trans*	17
	1.3.8 La stéréosélectivité faciale (1/2)	17
	1.3.9 Interaction des OMF dans les réactions de CD-1,3	19
1.4	Effet du substituant	19
	1.4.1 Substituant porté par l'alcène	19
	1.4.2 Substituant porté par la nitrone	23

1.1 Introduction

La préparation des composés chiraux est un champ d'investigation important en synthèse organique moderne [24]. La cycloaddition dipôlaire-1,3 est une réaction classique en chimie organique qui a lieu entre des composés dipôlaire-1,3 et des dipôlarophiles, cette réaction représente une des diverses voies d'accès aux hétérocycles à cinq chaînons. Les réactions de cycloadditions concertées sont également parmi les outils les plus puissants pour la création stéréospécifique de nouveaux centres chiraux dans les molécules organiques. Quand l'alcène 1,2-disubstitué est impliqué dans des réactions de CD-1,3 concertées, deux nouveaux centres chiraux sont formés d'une façon stéréospécifique en

CHAPITRE 1. LES RÉACTIONS DE CYCLOADDITIONS   8

raison de l'attaque *syn* sur la double liaison. Ainsi, la stéréochimie relative des carbones C4 et C5 est toujours contrôlée par le rapport géométrique des substituants portés par l'alcène [25, 26]. Selon la structure du dipôle, jusqu'à quatre nouveaux centres chiraux peuvent être formés en une seule étape, le défi étant le contrôle de la stéréosélectivité de la réaction. La synthèse asymétrique est un chalenge académique stimulant : car l'administration de la plupart des médicaments chiraux sous la forme énantiomèriquement pure apparaît aujourd'hui sans aucun risque. Ainsi, la demande de plus en plus de l'industrie pharmaceutique pour ce genre de molécules a rendu la recherche dans la synthèse asymétrique absolument nécessaire.

Plusieurs études computationnelles[1] ont été effectuées pour comprendre les origines de la régiosélectivité et la stéréosélectivités des réactions de cycloaddition dipolaire-1,3 [27, 28]. D'après ces études la théorie de fonctionnelle de la densité a apparu comme une approche très commode pour obtenir des résultats fiables par un coût computationnel bas.

1.2 Historique

L'historique des dipôles-1,3 revient a Curtius qui a découvert en 1883 l'ester diazoacétique [29]. Cinq ans plus tard, Büchner étudia la réaction de l'ester diazoacétique avec les esters α, β-insaturés et il décrivit pour la première fois la réaction de cycloaddition dipolaire-1,3 [30]. En 1893, il suggéra le produit de la réaction de méthyle diazoacétate avec l'acrylate de méthyle qui est le 1-pyrazoline, et le 2-pyrazole isolé se forme par réarrangement de 1-pyrazole [31]. Cinq ans après, les nitrones et les oxydes de nitriles ont été découverts par Beckmann [32]. Les réactions de Diels-Alders [33]ont été trouvées en 1928, et la valeur synthétique de cette réaction est devenue évidente. La chimie des cycloadditions dipolaire-1,3 a ainsi évolué pendant plus de 100 ans, et le mécanisme était un sujet à beaucoup de discussion, une variété de différents dipôle-1,3 ont été découvertes [4]. Cependant, seulement quelques dipôles ont trouvé une application générale en synthèse organique pendant les 70 premières années après la découverte de l'ester diazoacétique, deux exceptions bien connues sont l'ozone et les composés diazo [34, 35]. L'application générale des dipôles-1.3 en chimie organique a été établie la première fois par les études systématiques de Huisgen dans les années 60 [36]. En même temps, le nouveau concept de la conservation de la symétrie orbitalaire, développée par Woodward et Hoffmann, est apparu [26, 25]. Leur travail était une étape importante pour la compréhension du mécanisme des réactions de cycloaddition. Sur la base du concept de Woodward et Hoffmann, Houk nous a donné une base pour prédire la réactivité et la régiosélectivité des

---

[1]Computationnelle : modélisation par ordinateur

réactions de cycloaddition 1.3-dipolaire [37, 38].

1.3 Aspects basiques

1.3.1 Les dipôles-1,3

Les dipôles-1,3 sont définies comme une structure a-b-c qui subit les réactions de CD-1,3 avec un dipôlarophile [4, 39], et Ils représentent par une structure dipolaire conformément à la Figure 1.1 En fait les dipôles-1,3 peuvent être divisés en deux types différents.

1.3.1.1 Type d'anion allylique

Ce type est caractérisé par quatre électrons dans trois orbitales Pz parallèles et perpendiculaires au plan du dipôle, et cela le dipôle-1,3 est incliné. Il a deux structures de résonance dans lesquelles les trois centre ont un octet d'électron, et deux structures dans lesquelles a ou c ont un sextet d'électron. L'atome central b peut être azote, oxygène ou soufre (Figure 1.2).

1.3.1.2 Type d'anion propargylique

Ce type possède une orbitale π supplémentaire située dans le plan orthogonal à l'orbitale moléculaire(OM), donc cette dernière orbitale n'est pas impliquée directement dans la structure de résonance et ainsi dans les réactions du dipôle. Ce type est linéaire dont l'atome central b est limité à l'azote (Figure1.3).

La plupart des études dans ce champ ont été effectuées sur les nitrones. Une des raisons de ceci est que les nitrones sont des composés facilement disponibles, lesquelles peuvent être obtenu à partir des aldéhydes, amines, imines et oximes [40, 41]. D'ailleurs, la plupart des nitrones acycliques sont des composés stables qui peuvent être stockés aux conditions ambiantes. Les nitrones cycliques tendent à être moins stables, mais il y a également des exemples sur l'application de ces dernières. Les azométhines ylides sont instables et doivent être préparés *in situ*. Plusieurs méthodes ont été développés pour la synthèse des azométines ylides, par exemple abstraction à partir d'imine des proton des dérivés d'α-aminoacides, thermolyse ou photo-décomposition des aziridines et la désydrohalogénation du sel d'imonium [5, 42].

1.3.2 Interaction des orbitales moléculaires frontières

L'état de transition de la réaction de CD-1,3 est contrôlé par l'interaction des orbitales moléculaires frontière (OMF) des réactifs. La BV (LUMO en anglais)du dipôle

FIG. 1.1 – Réaction [3+2] du dipôle-1,3 avec un dipôlarophile.

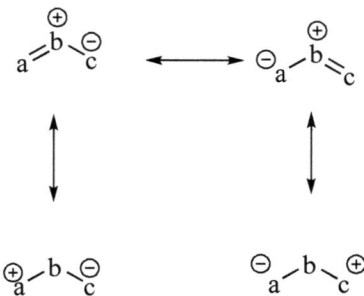

FIG. 1.2 – Type d'anion allylique.

interagit avec la HO (HOMO en anglais) de l'alcène, ou HO du dipôle interagit avec BV de l'alcène [25, 43]. Sustman [44, 45] a classé les réactions de CD-1,3 en trois types. Il a basé leurs études sur les énergies relatives des OMF entre le dipôle et le dipôlarophile(Figure1.6). Dans le type I l'interaction dominante est celle HO$_{dipôle}$ avec BV$_{dipôlarophile}$. Pour le type II la proximité des énergies des OMF du dipôle et du dipôlarophile implique que les deux interactions HO-BV sont importantes. Les réactions de cycloaddition du type III sont dominées par l'interaction entre la BV du dipôle et le HO du dipôlarophile. Les réactions du type I sont typiques pour des azométines ylides et carbonyles ylides, tandis que les réactions de CD-1,3 des nitrones sont normalement classées comme type II [46].

Il devrait prendre en considération que la classification d'une réaction dépend également de l'autre réactif. L'introduction des substituants électrodonneur ou électroattracteur sur le dipôle ou le dipôlarophile changent les énergies relatives des OMF [44, 45].

1.3.3 Mécanisme

La nature du mécanisme du cycloaddition 1.3- dipolaire est toujours un problème non résolu en chimie organique physique.

FIG. 1.3 – Type d'anion propargylique.

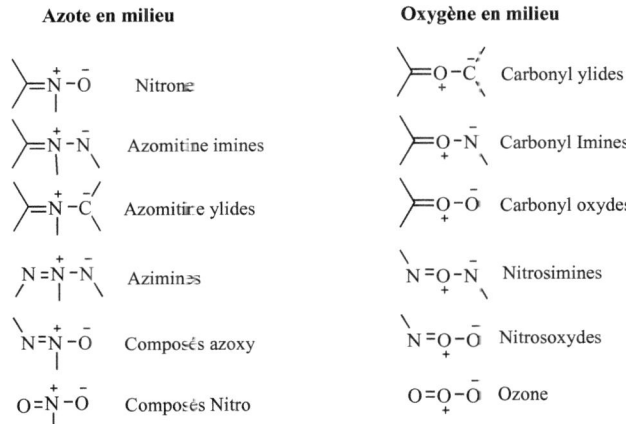

FIG. 1.4 – Type d'anion allyle.

1.3.3.1 Mécanisme concerté

En 1960, Huisgen [46, 40] a proposé le premier concept qui est largement utilisé aujourd'hui dans les réactions de CD-1,3, où la formation des deux nouveaux liaisons se produit comme un processus concerté (mais non simultané); c'est-à-dire un mécanisme par une seule étape, et cycloaddition de quatre centres, où deux nouvelles liaisons sont formées partiellement à l'état de transition, bien que pas nécessairement ont la même longueur (Figure1.7), ce signifie que les trois orbitales Pz du dipôle se combinent de façon suprafaciale avec les deux orbitales Pz de l'alcène (Figure1.8).

Une explication pour comprendre les mécanismes des réactions concertées était la proposition de Woodward et Hoffmann : la voie de telles réactions est déterminée par les propriétés de symétrie des orbitales qui sont directement impliquées [47]. Ils ont énoncé la condition de la conservation de la symétrie orbitalaire ; l'idée est que la symétrie de chaque orbitale participante doit être conservée pendant le processus de la réaction. Le concept de Woodward et Hoffmann aboutit aux autres interprétations des propriétés orbi-

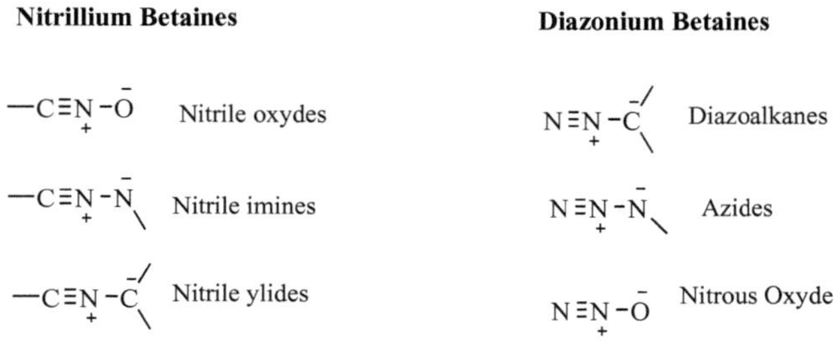

Nitrillium Betaines

—C≡N⁺–Ō Nitrile oxydes

—C≡N⁺–N̄\ Nitrile imines

—C≡N⁺–C̄⁄\ Nitrile ylides

Diazonium Betaines

N≡N⁺–C⁄\ Diazoalkanes

N≡N⁺–N̄\ Azides

N≡N⁺–Ō Nitrous Oxyde

FIG. 1.5 – Type d'anion propargylique/allénique.

talaires qui sont également réussissent d'interpréter le chemin des réactions concertées [26]. Ces diverses approches indiquent que les structures de transition avec certains alignements orbitaux sont énergétiquement favorables, alors que les autres mènent aux états de transition défavorables de grande énergie. Les états de transition stables partagent certains dispositifs électroniques avec les systèmes aromatiques, bien que les états de transition de grande énergie soient plus semblables aux systèmes non aromatiques (Figure1.9).

1.3.3.2 mécanisme non-concerté

Le dipôle peut être stabilisé à travers résonnance par l'hétéroatome centrale X (azote, oxygène ou soufre), et un mécanisme non-concerté peut avoir lieu. Par conséquent, la stéréochimie originale de l'alcène n'est pas toujours conservée (Figure1.10).

1.3.3.3 mécanisme radicalaire

sur la base de la stéréospécificité [48, 49]Firestone [50] considéra que la réaction de CD-1,3 procédait via un intermédiaire di-radical (Figure1.11), .

1.3.4 Les nitrones

Les nitrones (ou azométhine-oxydes) [24, 25, 27] étaient premièrement préparées par Beckmann [32] en 1890, et nommées par Pffeifer [51] en 1916 à partir de la contraction (nitrogène-cétone) pour souligner leur similitude aux cétones (Figure1.12). Les aromatiques N-oxydes aussi contiennent la partie nitrone, elles maintiennent le nom des N-oxydes. Les termes aldo- et céto-nitrones sont employés pour distinguer ceux avec et sans proton sur le carbone α respectivement. Les nitrones existent en deux formes (E) et (Z) qui

CHAPITRE 1. LES RÉACTIONS DE CYCLOADDITIONS

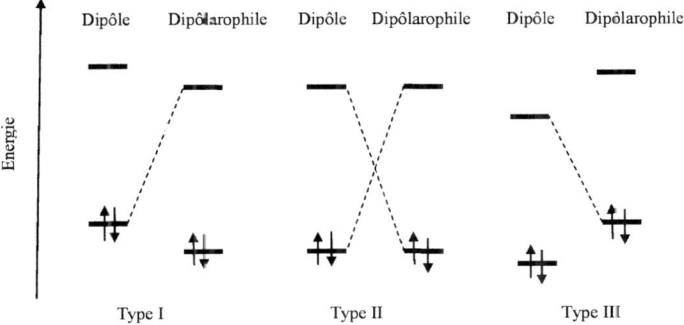

FIG. 1.6 – Interaction des orbitales moléculaires frontières.

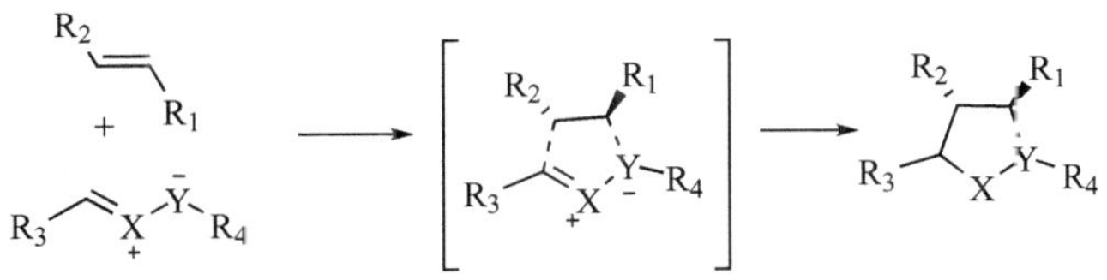

FIG. 1.7 – Mécanisme concerté.

peuvent inter-converti. Leur chimie est énormément diverse et fréquemment passée en revue, mais elle est finalement dominée par leur utilisation en tant que dipôle-1,3 dans les réactions de cycloaddition.

Les réactions de cycloaddition dipolaire-1,3 [52, 53, 54, 55] des nitrones les plus communs sont celles avec les alcènes donnant des isoxazolidines. le cycloadduit isoxazolidinique contient jusqu'à trois nouveaux centres chiraux (Figure 1.13), et comme avec les autres dipôles, l'état de transition souvent permette de prédire la préférence régio- et stéréochimique d'une nitrone donnée. Cette prévision est réalisée par une considération des facteurs stériques et électroniques, mais plus signification par la théorie des orbitales moléculaires frontières (OMF) proposée par Fukui pour lequel il pris le prix Nobel en 1981.

Un certain nombre de nitrones cycliques ont été développé pour éviter le problème d'isomérisation (E/Z) permettant seulement une seule géométrie autour de la double

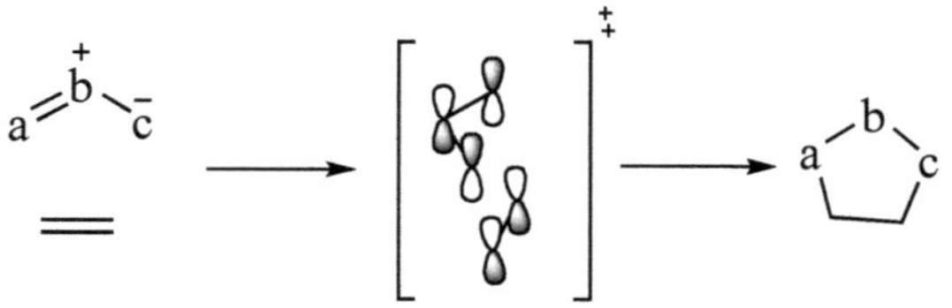

CHAPITRE 1. LES RÉACTIONS DE CYCLOADDITIONS 14

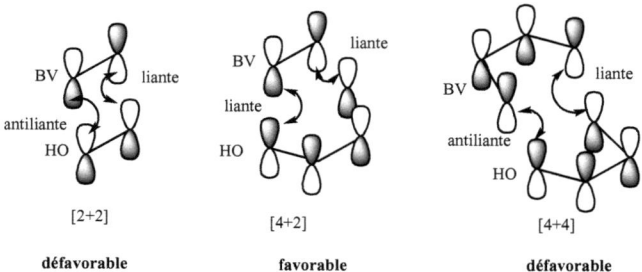

FIG. 1.8 – Combinaison suprafaciale des orbitales Pz à l'état de transition.

FIG. 1.9 – Combinaisons orbitalaires possibles.

liaison C=N et ainsi, réduisent le nombre de cycloaduits possibles. Les nitrones cycliques sont également devenues populaires en tant que des réactifs de différenciation faciale permettant la prédiction de l'induction asymétrique par leur capacité de forcer la réaction de cycloaddition à un ou autre face du dipôle.

1.3.5 La régiosélectivité

Quant le dipôle et le dipôlarophile sont asymétriques, il y a deux orientations possibles pour l'addition. Les facteurs effet stérique et électroniques jouent un rôle déterminant de la régiosélectivité d'addition. En générale l'interprétation satisfaisante de la régiosélectivité de la CD-1,3 est basée sur le concept des orbitales frontières(Figure 1.14) [39]. Comme dans les réactions de DA, l'orientation la plus favorisée est celle qui donne l'interaction de plus basse énergie entre les orbitales moléculaires frontières du dipôle et du dipôlarophile. La polarité des dipôlarophiles peut être reconnu à partir de la nature de substituant(Figure 1.15).

Pour la cycloaddition des alcènes monosubstitués électroenrichis (éthers/esters vinyliques), la formation des adduits 5-substitués est favorisée à la fois par les effets

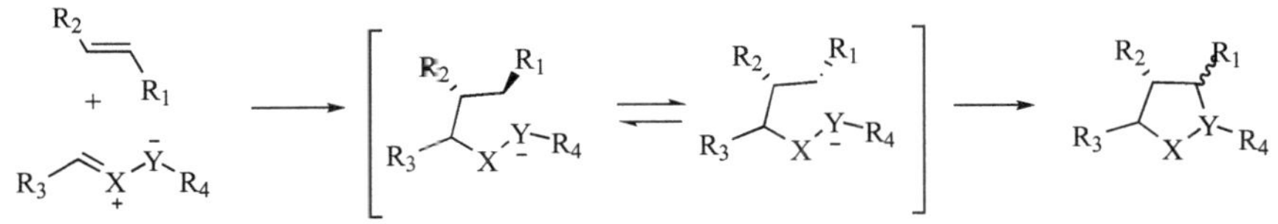

FIG. 1.10 – Mécanisme non-concerté

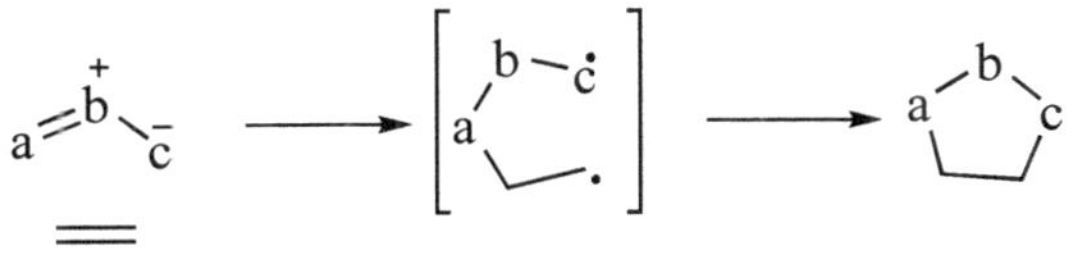

FIG. 1.11 – Mécanisme radicalaire.

électroniques et stérique. La réaction est principalement contrôlée par l'interaction $BV_{dipôle}$-$HO_{dipôlarophile}$; la $BV_{dipôle}$ a le plus grand coefficient sur l'atome du carbone et la $HO_{dipôlarophile}$ a le plus grand coefficient sur le carbone substitué. Par conséquent, la nitrone et l'alcène se combinent d'une manière régiosélective pour donner le régioisomère 5-substitué. Ceci est évidemment supporté par les facteurs stériques.

Pour la cycloaddition des alcènes monosubstitués électroappauvris, la situation est plus compliquée car les effets stériques et électroniques sont contraires bien que l'effet stérique joue un rôle déterminant. Par exemple, lors de la cycloaddition entre l'acrylate de méthyle et la C-éthoxycarbonyl-N-benzylnitrone [42], les cycloadduits sont exclusivement les 5-substitués, dont la formation est électroniquement défavorisée (Figure 1.16).

La plus part des réactions de CD-1,3 sont de type où les orbitales frontières sont BV du dipôlarophile et HO du dipôle. Il y a des systèmes où cette relation est inversée, donc les interactions possibles HO-BV sont comparables. L'analyse de la régiosélectivité de la réaction de CD-1,3 par la théorie des orbitales moléculaires frontières nécessite des informations concernant l'énergie et les coefficients atomiques des OMF. L'approche OMF nous a donné une bonne base pour prédire la régiosélectivité des CD-1,3, mais il y a des cas spécifiques où il faut faire une analyse complète ; car les facteurs stériques ne sont pas considérés par l'analyse OMF et dans plusieurs cas les facteurs stériques contrôlent la régiosélectivité.

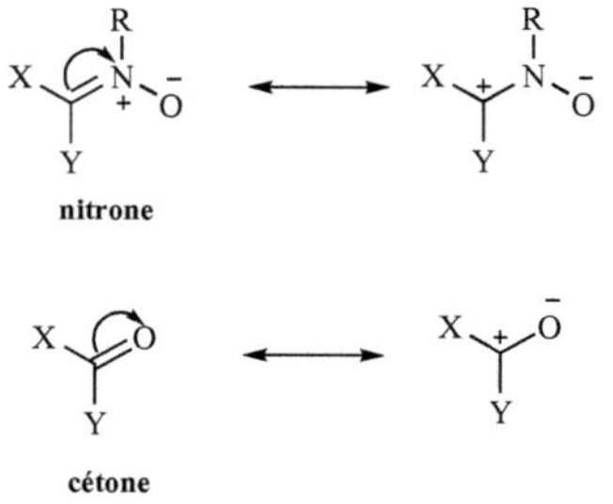

FIG. 1.12 – Comparaison entre la structures de nitrone et de cétone.

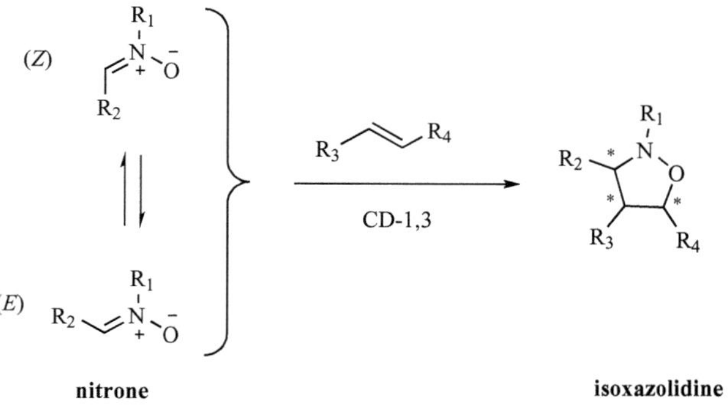

FIG. 1.13 – Synthèse des isoxazolidines.

1.3.6 La stéréosélectivité

D'une manière générale, la cycloaddition entre une nitrone et un alcène mono-substitué peut conduire aux quatre stéréoisomères possibles par la création de deux centres chiraux (Figure 1.17). Ces approches correspondent aux deux types de stéréosélectivité de la cycloaddition : la sélectivité $endo/exo$ et la sélectivité faciale $1/2^2$. Le nombre de situations stéréochimiques possibles est doublé si la nitrone existe dans un équilibre configurationnel entre deux isomères Z et E. Comme le montre la Figure 1.17, l'adduit $trans$-B peut par exemple être issu d'une approche $endo$ par la face 1 de la nitrone Z ou d'une approche exo par la face 2 de la nitrone E.

---
[2]la face 1 est celle au dessous de la nitrone et la face 2 celle au dessus de la nitrone

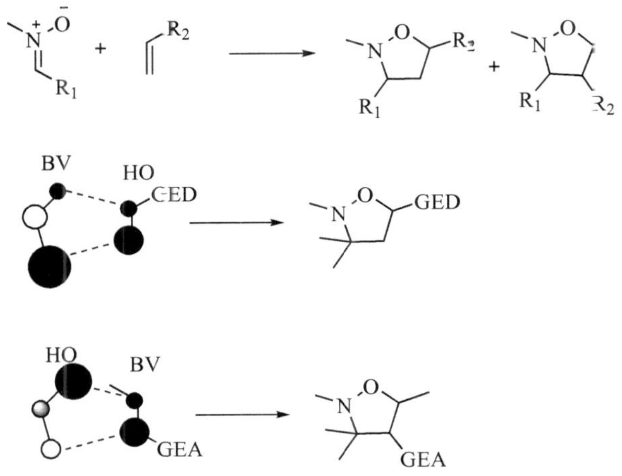

FIG. 1.14 – Cyloaddition dipolaire-1,3 avec des alcènes monosubstitués.

FIG. 1.15 – Polarité des dipôlarophiles.

1.3.7 La stéréosélectivité *cis/trans*

En cycloaddition de Diels-Alder, l'approche *endo* est généralement privilégiée par des interactions orbitalaires secondaires favorables. De manière sensiblement différente, ces interactions sont moins importantes en cycloaddition dipolaire-1,3 et la stabilisation de l'approche *endo* est faible [45]. La sélectivité *endo/exo* est donc contrôlée essentiellement par la structure des substrats ou par utilisation d'un catalyseur. Dans les cycloadditions dipolaires où la nitrone peut subir une interconversion Z/E, la sélectivité *endo/exo* n'est qu'un des deux paramètres stéréochimiques déterminant la sélectivité *cis/trans*.

1.3.8 La stéréosélectivité faciale (1/2)

La réaction de cycloaddition dipolaire-1,3 des nitrones avec des alcènes donnent des isoxazolidines est une réaction fondamentale en chimie organique et la littérature disponible sur cette sujet de chimie organique est vaste. Dans cette réaction jusqu'à trois centres asymétriques peuvent être formé dans l'isoxazolidine comme décrit pour la réaction entre une nitrone et un alcène 1,2-disubstitué(Figure1.18). Le contrôle de l'ap-

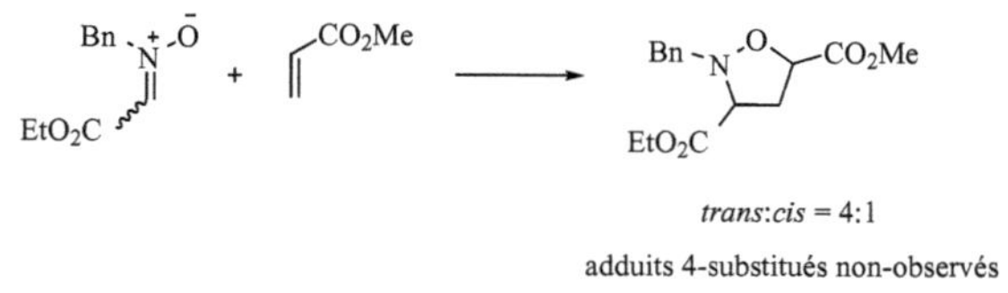

[Schéma réactionnel : Bn-N⁺(-O⁻)=CH-CO₂Et + CH₂=CH-CO₂Me → isoxazolidine Bn-N-O-CH(CO₂Me)-CH₂-CH(CO₂Et)]

trans:cis = 4:1

adduits 4-substitués non-observés

FIG. 1.16 – CD-1,3 entre l'acrylate de méthyle et la C-éthoxycabonyl-N-benzylnitrone.

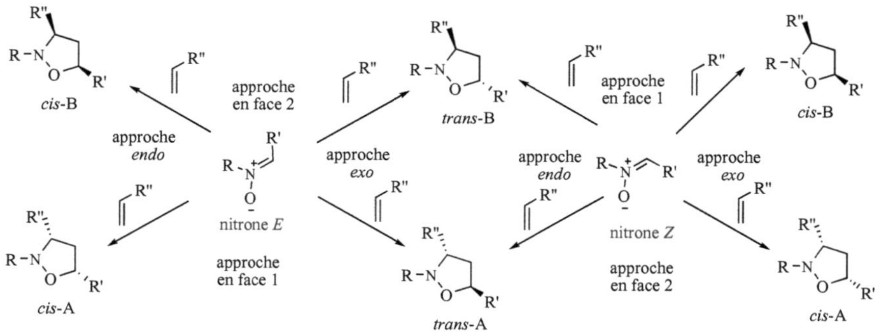

[Schéma présentant les différentes approches endo/exo en face 1/face 2 pour nitrone E et nitrone Z menant aux stéréoisomères cis-A, cis-B, trans-A, trans-B]

FIG. 1.17 – Formation des stéréoisomères possibles issues de la CD-1,3 entre une nitrone et un alcène.

proche du dipôlarophile par le dessus (approche 2) ou le dessous (approche 1) du plan de la nitrone concerne le domaine de la synthèse asymétrique. Deux stratégies peuvent être envisagées :

1. L'utilisation d'une nitrone ou/et d'un alcène portant un groupement chirale qui encombre une face créant les conditions d'une diastéréosélectivité faciale.
2. L'utilisation d'un catalyseur acide de Lewis chiral qui peut se chélater ou se complexer la nitrone pour masquer sélectivement l'une de deux faces créant les conditions d'une énantiosélectivité faciale.

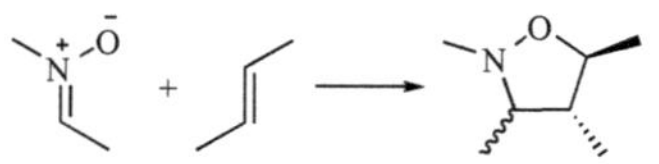

FIG. 1.18 – Réaction entre une nitrone et un alcène 1,2-disubstitué.

1.3.9 Interaction des OMF dans les réactions de CD-1,3

Les énergies des orbitales moléculaires frontières de la réaction de CD-1,3 des nitrones sont importantes pour le contrôle catalytique de la réaction. Pour les réactions de CD-1,3 à demande électronique normale (DEN) l'interaction dominante est celle du $HO_{nitrone}$ avec $BV_{alcène}$. Dans les réactions de CD-1,3 à demande électronique inverse (DEI) l'interaction dominante entre $BV_{nitrone}$ et $HO_{alcène}$ (Figure1.19) [56].

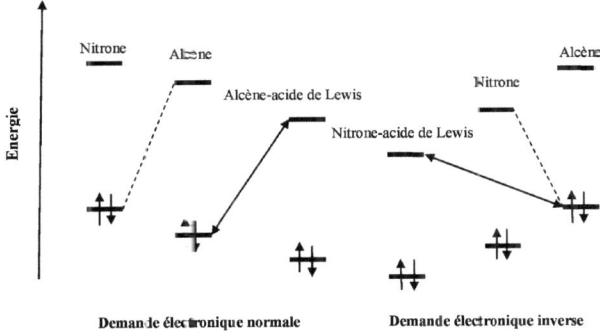

FIG. 1.19 – Diagramme OMF des demandes électroniques normale et inverse de CD-1,3 de nitrone avec alcène en absence et en présence d'acide de Lewis.

1.4 Effet du substituant

Nous présentons ici quelques études théoriques de plusieurs équipes ayant travaillé sur les effets électroniques et stériques des substituants portés par la nitrone ou par l'alcène, leurs résultats sont en général en accord avec la sélectivité observée expérimentalement.

1.4.1 Substituant porté par l'alcène

Il est connu que les nitrones réagissent avec les oléfines pour donner l'isoxazolidine 4-substitué dans le cas d'un groupement électroattracteur, tandis que le 5-regioisomère est favorisé lorsqu'un substituant électrodonneur a été utilisé. Néanmoins, il y a des cas où la prédiction de la régioselectivité n'arrangée pas à la règle, spécialement quand la structure de l'alcène 1,2-disubstitués est compliquée.

La réaction des alcènes diversement substitués avec la nitrone simple a été étudiée théoriquement par Magnuson et Pranata [57], leurs calculs au niveau RHF suggère que pour les substituants de l'éthylène comme le méthyle et la carboxaldéhyde , la régiosélectivité peut être dépendre de la capacité du substituant de donner ou attirer les électrons(Figure1.20).

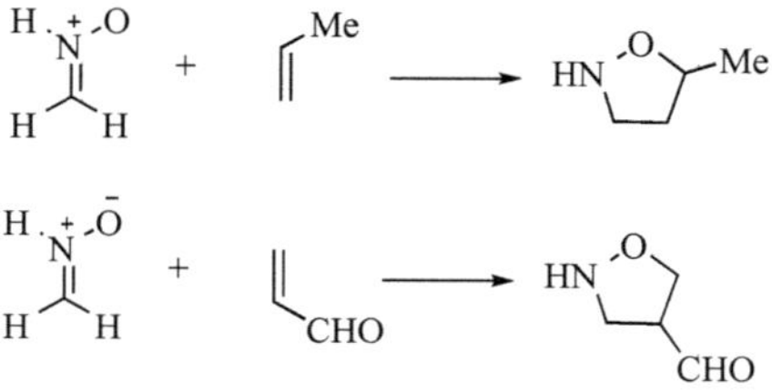

FIG. 1.20 – Réaction de CD-1,3 entre la nitrone simple et des alcènes diversement substitués.

Goodman et ses collaborateurs [27] ont étudié des systèmes [3+2] où la nitrone et l'alcène sont substitués, les auteurs ont basés leur étude sur la comparaison entre les énergies d'activation.

Esseffar et ses collaborateurs [58] ont effectué une étude computationnelle comparative de la réaction de CD-1,3 entre la nitrone simple et le chlorosulfonyle de vinyle (Figure1.21). Les auteurs ont réalisé leur étude en utilisant les méthodes *ab initio* et DFT au niveau HF, MP2 et B3LYP à la fois avec la base $6-31G^*$. Ces réactions de CD-1,3 montrent une stéréosélectivité *endo*, tandis que la régiosélectivité *méta* dépend du niveau computationnel. Ainsi, les calculs HF et DFT prédirent la voie *méta*, ces résultats sont en accord avec les résultats expérimentaux, tandis que le calcul par la méthode MP2 prédit la régiosélectivité *ortho*. Les auteurs ont aussi réalisé une analyse des OMF, ils ont trouvé que ces réactions sont sous contrôle d'interaction $HO_{dipôle}$-$BV_{dipôlarophile}$, et ceci est en accord avec l'analyse du transfert de charge au cours de l'état de transition.

Marakchi [59]et ses collaborateurs ont étudié la réaction de la nitrone simple avec des alcènes fluorés conduisant à la formation d'hétérocycles fluorés ayant des propriétés biologiques et agrochimiques très importantes (Figure 1.22), les auteurs ont réalisés leur travail utilisant la fonctionnelle corrigée du gradient B3LYP avec la base $6-31G^*$, et pour l'analyse des OMF, ils ont optimisé les géométries des molécules au niveau HF

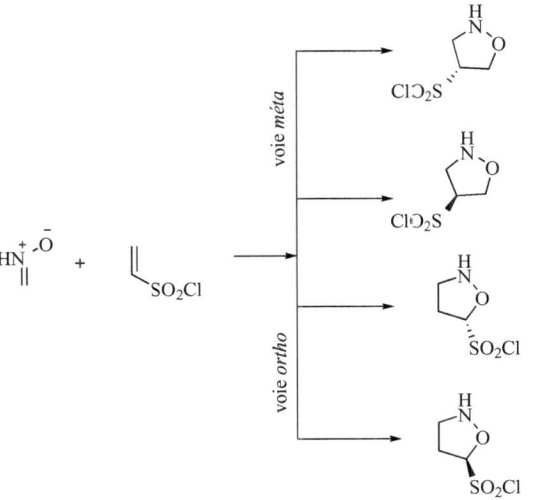

FIG. 1.21 – Réaction de CD-1,3 entre la nitrone simple et le chlorosulfonyle de vinyle.

utilisant la base 3-21G. Ils ont trouvé que ces réactions de cycloaddition sont gouvernées par l'interaction $HO_{dipôle}$-$BV_{dipôlarophile}$; l'application de la règle de Fukui aboutit aux composés régioisomères majoritaires obtenus expérimentalement. Pour l'interprétation de la stéréosélectivité, ils ont basé leur étude sur la différence entre les énergies d'activation ; où les produits majoritaires sont obtenus en tant que des produits favorisés cinétiquement et thermodynamiquement.

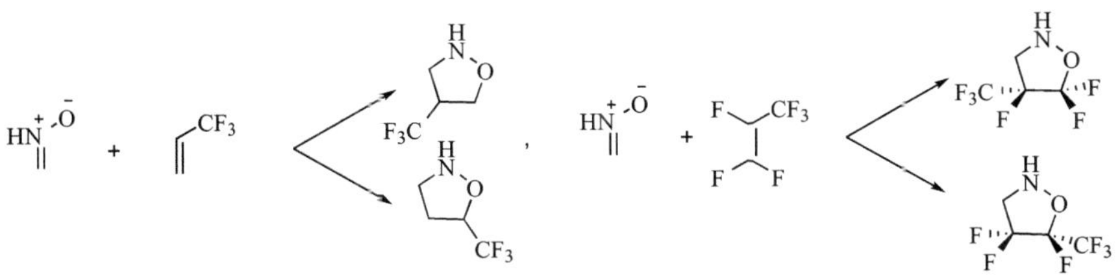

FIG. 1.22 – Réaction de CD-1,3 de la nitrone simple avec des alcènes fluorés

La réaction de la nitrone simple avec le nitroéthylène a été étudiee par Cossio et ses collaborateurs [60](Figure 1.23). L'asynchronicité du processus de formation des liaisons dans les deux approches régioisomériques du nitro-éthylène et de la la nitrone est contrôlée par le dipôlarophile électro-appauvri : la formation de la liaison en position β de l'alcène a lieu avant celle en position α. Leurs calculs prédisent une stéréosélectivité *endo* et une régiosélectivité *méta*, ceci n'est pas confirmé par les données expérimentales. Les auteurs ont suggéré que la régiosélectivité de ces réactions ne peut être prédite au moyen d'effets électroniques seuls. Les effets stériques et polaires doivent aussi être pris en considération pour expliquer les résultats obtenus.

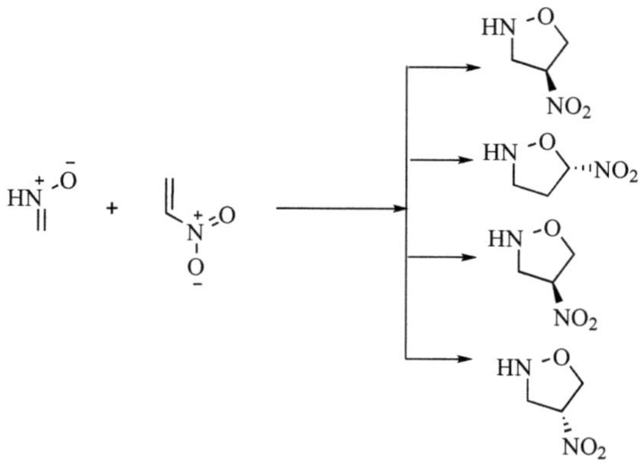

FIG. 1.23 – Réaction de CD-1,3 de la nitrone simple avec le nitroéthylène

Gandolfi [61] a étudié la réaction de CD-1,3 entre la nitrone simple et le vinylborane (Figure 1.24). Ses calculs montrent que le vinylborane peut subir une cycloaddition [3+2] avec la nitrone formant un seul produit *endo*, il a également précisé que le borane est impliqué dans le mécanisme de la réaction par une interaction B-O très forte, qui peut produire une barrière d'énergie faible, une sorte de catalyse intramoléculaire sélective.

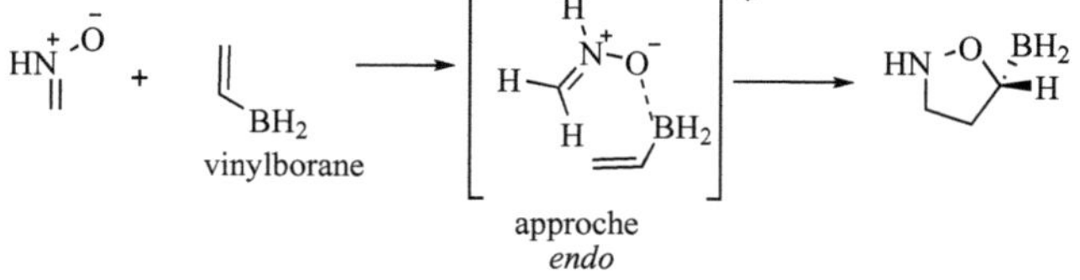

FIG. 1.24 – Réaction de CD-1,3 entre la nitrone simple et le vinylborane

1.4.2 Substituant porté par la nitrone

1.4.2.1 Les nitrones acycliques

Nitrones activées par un groupement électroattracteur en α.

Ces nitrones [5] sont très intéressantes car elles représentent une forme masquée de la glycine (s'il s'agit un groupement CO_2R) dont la position α peut être alkylée via la cycloadddition (Figure 1.25). A température ambiante, ces nitrones existent sous la forme

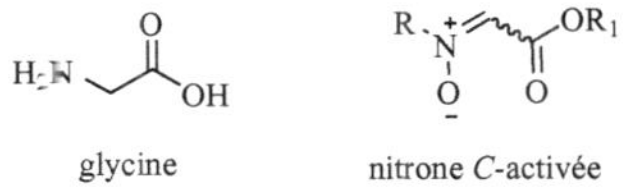

glycine   nitrone C-activée

FIG. 1.25 – Structure de la nitrone activée en α et de la glycine

Z à l'état solide mais sont en équilibre rapide, même à TA, entre deux isomères Z et E en solution. La forme E est la forme majoritaire malgré une répulsion stérique entre ces deux groupements R_1 et CO_2R_2, ce qui n'est pas le cas de l'interaction électrostatique entre les deux atomes d'oxygène négativement chargés que subit la forme Z. Le rapport isomérique dépend aussi du solvant, de la température, de l'encombrement des groupements alkyle (R et R1) et de la présence d'un agent chélatant. Ainsi l'équilibre tend vers la forme Z en présence d'un acide de Lewis chélatant (Figure 1.26).

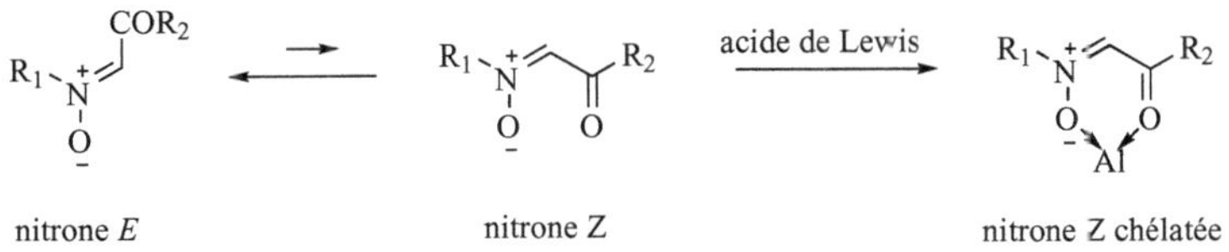

nitrone E nitrone Z   nitrone Z chélatée

FIG. 1.26 – L'équilibre de deux isomères de la nitrone activée en α

La cycloaddition dipolaire-1,3 de ces nitrones dans des conditions thermiques sans catalyseur aboutit à une stéréosélectivité *trans*, résultant majoritairement d'une approche *exo* de la forme E la plus réactive de la nitrone (Figure 1.27, Tableau 1.1).

La réaction de la C-méthoxycarbonyl-N-méthylnitrone avec l'acrylate de méthyle et l'acétate de vinyle(Figure 1.28) donne préférentiellement le regioisomère *ortho* [34, 65]. Ce type de nitrones (Figure 1.29) a été étudié par Merino et ses collaborateurs [66], ils ont utilisé la méthode DFT au niveau B3LYP/6-31G(d). Vu l'inter-conversion entre les isomères E et Z ils ont proposé deux modèles parallèles pour l'étude de cette réaction de

CHAPITRE 1. LES RÉACTIONS DE CYCLOADDITIONS

TAB. 1.1 – Données expérimentales de CD-1,3 des nitrones activées en α

Essai	R_1	R_2	R_3	conditions	trans :cis	réf
1	Bn	Et	Et	Toluène, 50° C, 23h	88 :12	[62]
2	Bn	Et	Ac	AcOCH=CH$_2$, 70° C, 24h	75 :25	[63]
3	Ph$_2$CH	Me	Et	EtOCH=CH$_2$, TA, 36h	72 :28	[64]

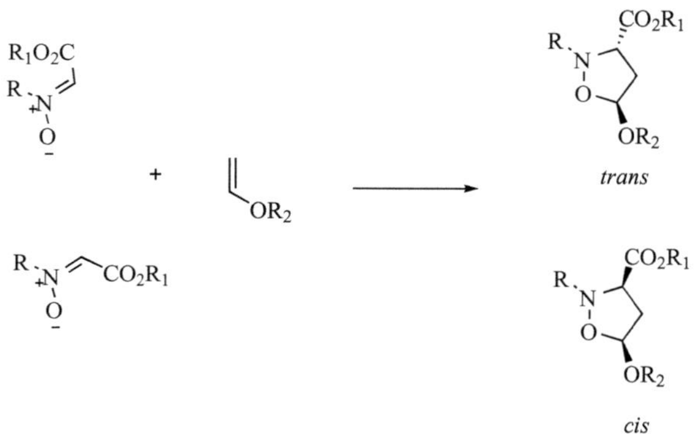

FIG. 1.27 – CD-1,3 de la nitrone activée en α

cycloaddition. Ils ont trouvé que dans tous les cas il est possible d'expliquer l'obtention de l'isomère *trans* par une approche *endo* de l'isomère Z de la nitrone, ou une approche *exo* de l'isomère E. la réaction de la nitrone avec des alcènes électro-enrichi généralement donne le produit *trans* [67]. Ils ont indiqué que ces réactions ont lieu par une approche *exo* due à la stabilité élevée de l'isomère E [68]. Cependant il est aussi possible que la réaction procède via une approche *endo* (préférer dans tous les réactions de cycloaddition avec des alcènes électro-appauvris) à l'isomère le plus réactive Z [69]. Une réaction parallèle a aussi lieu avec des alcènes électro-enrichis.

Nitrones activées par un groupement électro-donneur en α

Bian [70] et ses collaborateurs ont étudié la réaction de CD-1,3 entre C-méthylnitrone avec l'acrylonitrile (Figure1.30), la forme *cis* de cette nitrone est plus stable que la forme *trans* : en raison de la formation d'un cycle à cinq chainons dans la forme *cis* mais pas dans la forme *trans*. Les auteurs ont employé le niveau théorique B3LYP/6-311++G** pour déterminer les huit voies compétitifs dans cette réaction, et ils ont trouvé que cette

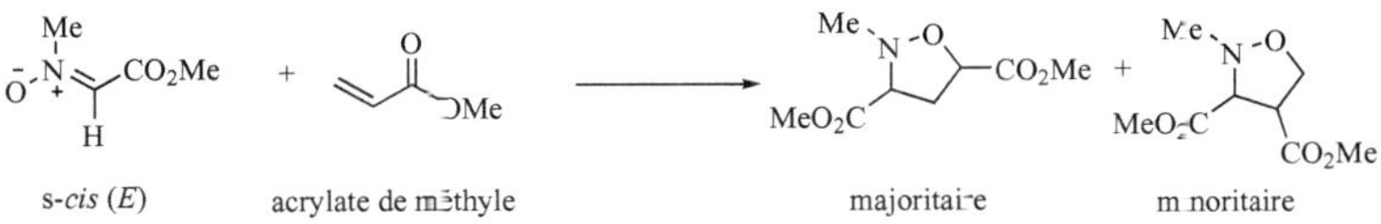

FIG. 1.28 – Réaction de CD-1,3 de la C-méthoxycarbonyl-N-méthylnitrone avec l'acrylate de méthyle et l'acétate de vinyle

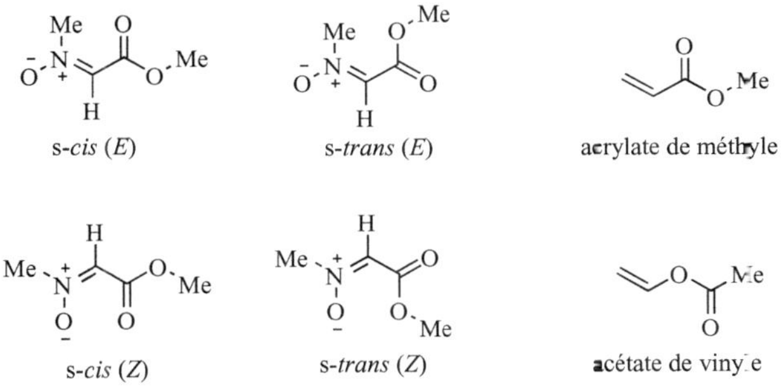

FIG. 1.29 – Les réactifs de la réaction de CD-1,3 étudiée par Merino

réaction est conduite à travers la formation d'un complexe moléculaire avec une énergie réduite ; due à la liaison hydrogène formée entre les réactifs. Ils ont trouvé aussi que la liaison hydrogène intramoléculaire dans la *cis*-méthylnitrone et l'autre liaison hydrogène intermoléculaire entre la C-méthylnitrone et l'acrylonitrile jouent le rôle principale dans la diminution de la réactivité.

Nitrones non activées

Contrairement aux nitrones activées acycliques, les nitrones acycliques non-activées α-substituées sont des composés avec des configurations stables sous la forme Z, car cette forme permet d'éviter la répulsion stérique que subit la forme E (Figure1.31). Le Tableau 1.2, regroupe certains résultats de la littérature concernant la cycloaddition entre des nitrones non-activées et des alcènes. La nitrone Z réagie avec un dipôlarophile selon une approche *exo* favorisée et conduit à la formation de l'adduit *cis* (Figure1.32), ce qui explique une sélectivité *cis* dans la plupart des cas (enssais 1-4 et 6). L'adduit *trans* peut être issu de deux voies différentes :
— Approche *exo* du dipôlarophile sur la nitrone E. Cette voie est possible si la barrière

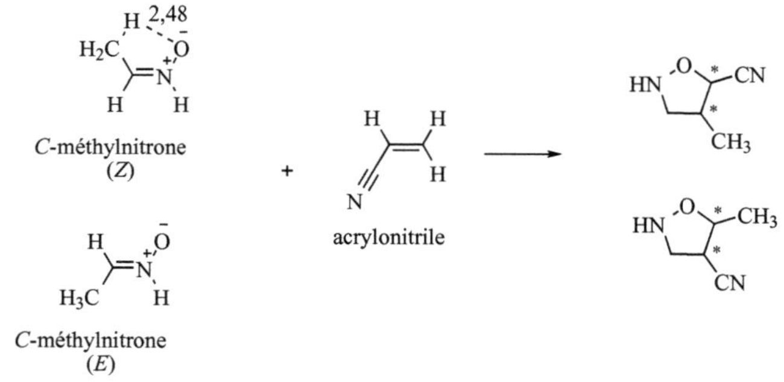

FIG. 1.30 – Réaction de CD-1,3 entre C-méthylnitrone avec l'acrylonitrile

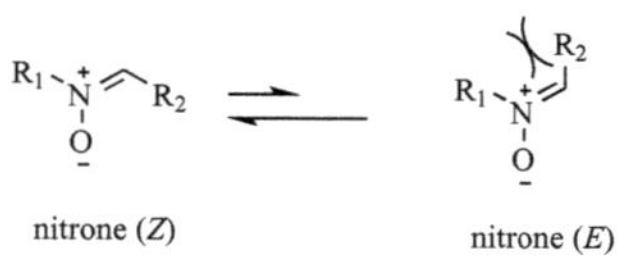

FIG. 1.31 – Equilibre géométrique de la nitrone non activée en α

de rotation de la liaison C=N est faible. Cette valeur dépend fortement de l'encombrement stérique engendré par les groupements R_1 et R_2 (essais 1, 2, 3, 4 et 5).
– Approche *endo* du dipolarophile sur la nitrone Z ; cette voie explique la formation de l'adduit *trans* même si la barrière de rotation de la liaison C=N est élevée (le cas des N-phénylnitrones).

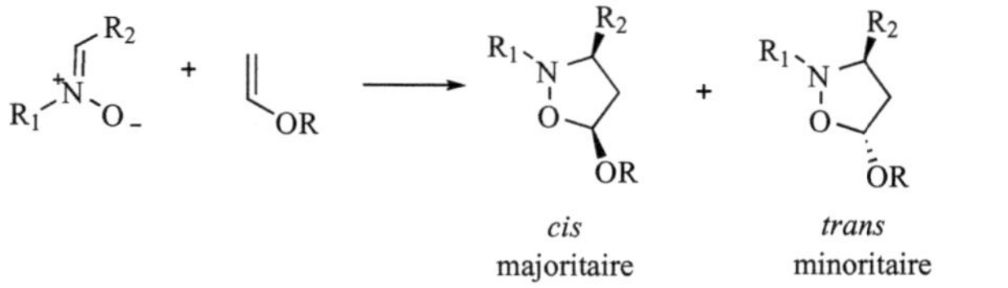

FIG. 1.32 – Réaction de CD-1,3 entre des nitrones non-activées et des alcènes

Domingo [73] a étudié la réaction de la C,N-diphénylnitrone avec le *tert*-butyl vinyl éther (Figure1.33). Les calculs par la méthode DFT au niveau B3LYP/6-31G* prédisent une régiosélectivité *ortho* et une stéréosélectivité *exo*, qui sont en accord avec les données

CHAPITRE 1. LES RÉACTIONS DE CYCLOADDITIONS

TAB. 1.2 – Réaction de CD-1,3 entre des nitrones non-activées et des alcènes

Essai	R_1	R_2	R	conditions/Rdt	cis :trans	réf
1	Ph	Ph	Et	50 °C, 50h/72	86 :14	[71]
2	Ph	Ph	t-Bu	50 °C, 14j/70	97 :03	[71]
3	Bn	Ph	Et	50 °C, 53h/78	67 :33	[71]
4	Bn	Ph	t-Bu	50 °C, 5j/74	80 :20	[71]
5	Me	Ph	Et	80 °C, 72h/61	50 :50	[72]
6	Me	Ph	OAc	80 °C, 72h/61	70 :30	[72]

expérimentales. Les auteurs ont justifié la sélectivité *exo* par rapport à l'approche *endo* par l'encombrement stérique développé entre le groupe phényle porté par l'atome d'azote de la nitrone et le groupe *tert*-butyle de l'éther.

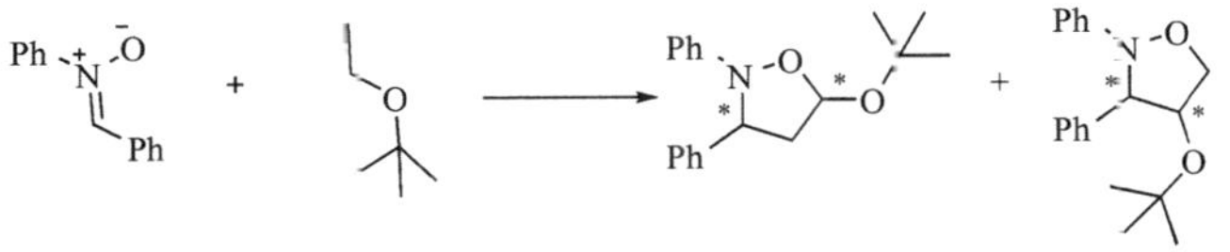

FIG. 1.33 – Réaction de CD-1,3 de la *C,N*-diphénylnitrone avec le *tert*-butyl vinyl éther

Wagner et ses collaborateurs [74] ont étudié la réaction de CD-1,3 entre la *C*-phényl-*N*-méthylnitrone et cinamonitrile (Figure1.34). Les calculs réalisés par les méthodes HF, MPn et DFT donnent des valeurs semblables avec celles de l'expérience ; les produits issues de l'addition sur la double liaison C=C sont les plus stables (produits thermodynamiques), à l'exception de MP2 les méthodes DFT et MP d'ordre élevé indiquent que l'énergie d'activation favorise la formation du produit majoritaire (produit cinétique). Ce qui est en bon accord avec l'expérience.

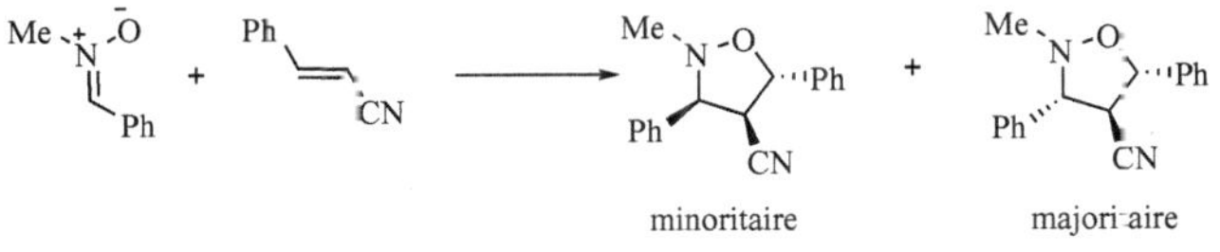

FIG. 1.34 – Réaction de CD-1,3 entre la *C*-phényl-*N*-méthylnitrone et cinamonitrile

La réaction de la *C*-aryl-*N*-méthyl/arylnitrone avec le carboxylates 1-acétylvinyle (Figure1.35) a été étudiée par Herera et ses collaborateurs [75]. Cette réaction est régiospécifique formant l'adduit 5-substitué, et également stéréosélective due à l'encombrement stérique du groupement carboxylate de l'alcène. La théorie des OMF n'a pas réussi d'expliquer la régiosélectivité observée ; elle prédit l'orientation *méta*. Les auteurs ont trouvé que le modèle théorique DFT/HSAB pouvait rationaliser cette régiosélectivité ; par identifiant les atomes nucléophiles et électrophiles impliqués dans le processus, par calculs des énergies des interactions suggérant la direction spécifique du processus électronique à chacun des sites de réaction.

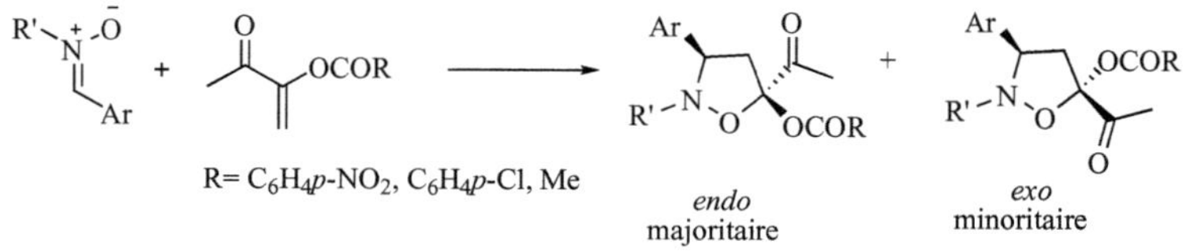

FIG. 1.35 – Réaction de la *C*-aryl-*N*-méthyl/arylnitrone avec carboxylates 1-acétylvinyle

Merino et ses collaborateurs [76] ont étudié la réaction entre les *C*-hétarylnitrones et des alcènes électro-appauvris ou électro-enrichis représentés par l'acrylate de méthyle et l'acétate de vinyle respectivement (Figure1.36). Leurs calculs ont démontré que la méthode DFT au niveau B3LYP/6-31G* peut utilisée pour l'étude de cette réaction. Ainsi ils ont trouvé que la réaction est procédée par un mécanisme asynchrone dans les deux cas, et les calculs DFT reproduisent avec succès la sélectivité expérimentale.

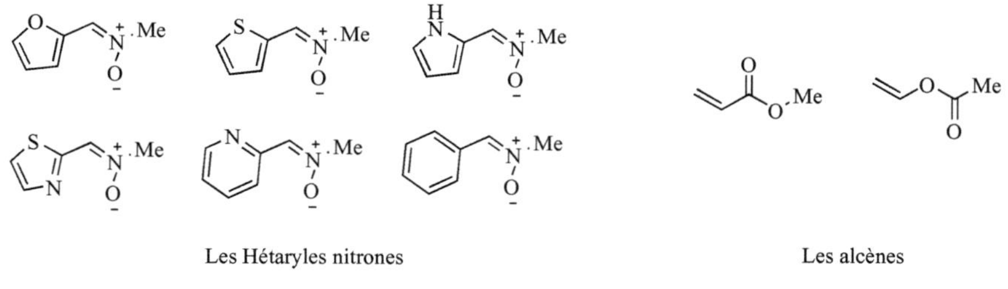

FIG. 1.36 – Les structures des *C*-hétarylnitrones et des alcènes

Domingo [77] a étudié la réaction de CD-1,3 entre *C,N*-diphénylnitrone et l'acroléine (Figure1.37). L'auteur a réalisé son étude par la méthode DFT au niveau B3LYP/6-31G(d), les énergies d'activation favorisent la formation du régioisomère *méta*, les calculs effectués dans un solvant polaire (dichlorométhane) par le modèle PCM favorisent la formation du produit *ortho*.

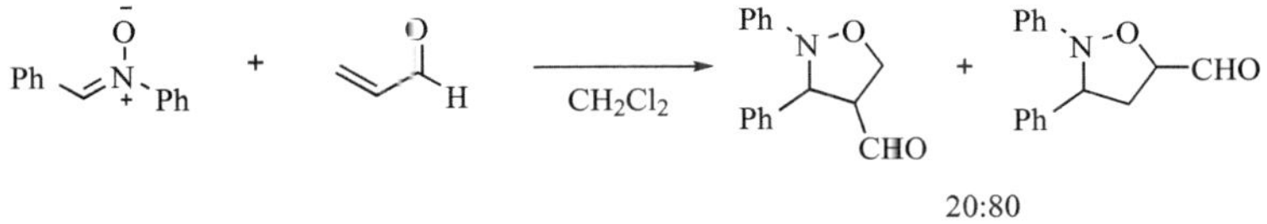

FIG. 1.37 – Réaction de CD-1,3 entre C,N-diphénylnitrone et l'acroléine

1.4.2.2 Les nitrones cycliques

Nitrones cycliques activées

Dans ce cas, la géométrie de la nitrone est fixée sous la forme E. Il existe une corrélation directe et unique entre la stéréochimie des adduits et l'approche : l'adduit *trans* est issu d'une approche *exo* et l'adduit *cis* est issu d'une approche *endo*. Deux types de nitrones cycliques ont été principalement développés : les nitrones cycliques à cinq chaînons de Katagiri et les nitrones cycliques à six chaînons de Tamura.

Nitrones cycliques de Katagiri

La première synthèse de nitrones de ce type a été publiée en 1994 par le groupe de Katagiri [78]. En chauffant le dérivé nitroso de l'acide de Meldrum avec une cétone à reflux du toluène, la nitrone correspondante est formée avec un rendement moyen (Figure 1.38).

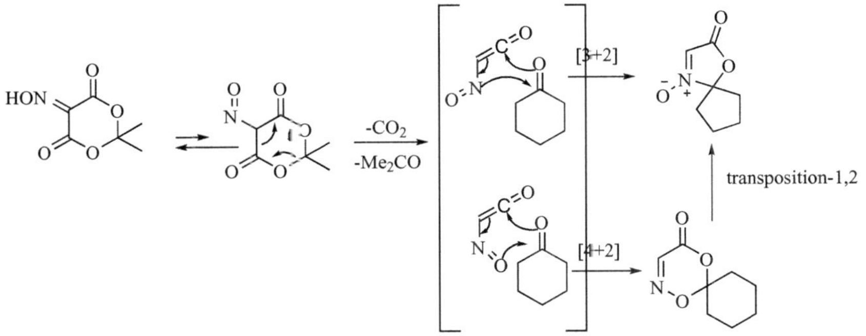

FIG. 1.38 – Procédure de synthèse de la nitrone cyclique de Katagiri

CHAPITRE 1. LES RÉACTIONS DE CYCLOADDITIONS

Nitrones cycliques de Tamura

En 1996, la cycloaddition de la nitrone montrée dans la Figure 1.39 vis-à-vis de différents types d'alcènes a été publiée par l'équipe de Tamura [79]. Les cycloadduits *trans* issus des éthers vinyliques provenant de l'approche *exo-2* sont formés avec de très bonne stéréosélectivité et d'excellents rendements. Contrairement à la cycloaddition des nitrones

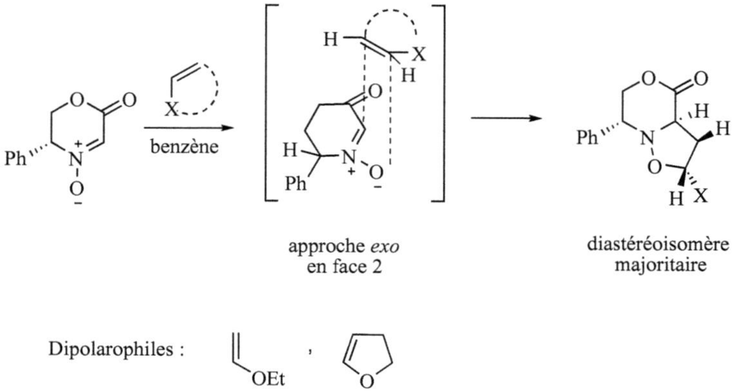

approche *exo*
en face 2

diastéréoisomère
majoritaire

Dipolarophiles :

FIG. 1.39 – CD-1,3 de la nitrone de Tamura avec des alcènes

cycliques de Katagiri qui nécessite des conditions d'hyperpressions, la cycloaddition de la nitrone de Tamura peut s'effectuer à pression atmosphérique. Cette différence de réactivité est attribuée à la distance entre les deux extrémités C et O des nitrones [80]. Dans la nitrone cyclique à six chaînons, cette distance (b) est moins grande que la distance (a) correspondante dans la nitrone cyclique à cinq chaînons (Figure 1.40), ce qui rend le recouvrement orbitalaire entre la BV de la nitrone de Tamura et la HO de l'alcène plus efficace.

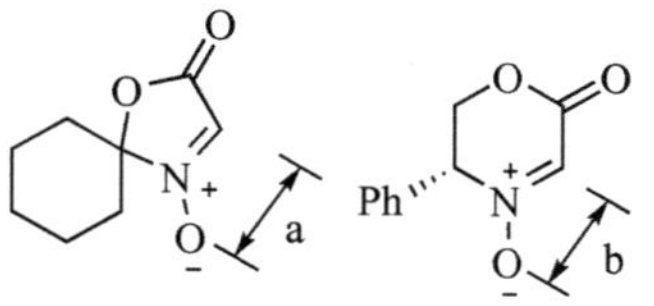

FIG. 1.40 – Comparaison entre les structures des nitrones de Katagiri et Tamura

TAB. 1.3 – Réactions de CD-1,3 entre des nitrones cycliques non-activées et des alcènes

Essai	n	R	Conditions	Rdt	trans :cis	ref
1	1	OEt	Benzène, 50 °C, 7j	47	91 :9	[71]
2	1	OEt	CH_2Cl_2, 60 °C, 8h	70	92 :8	[81]
3	1	OPh	$Cl_2CH-CHCl_2$, 50 °C, 16h	45	90 :10	[82]
4	2	OEt	EtOH, 40 °C, 12h	67	93 :7	[81]

Nitrones cycliques non activées

Pour ces nitrones pipéridiniques et pyrrolidiniques, comme dans le cas de la nitrone cyclique de Tamura, l'approche *exo* prédomine sur l'approche *endo*, et l'adduit *trans* est donc formé majoritairement (Figure1.41). Le Tableau 1.3 rassemble certains exemples

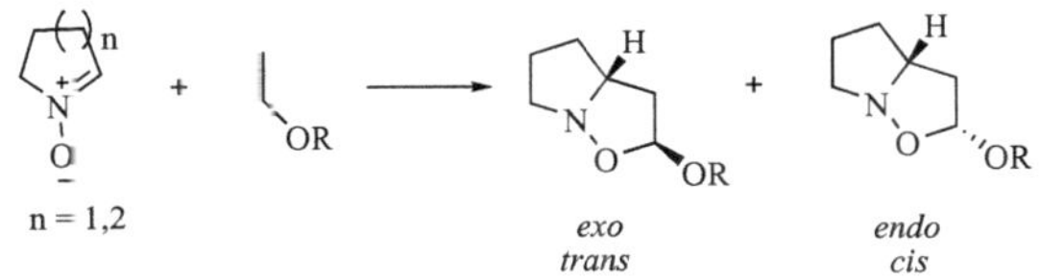

FIG. 1.41 – Réaction de CD-1,3 des nitrones cycliques non-activées

représentatifs de la cycloaddition thermique entre des nitrones cycliques non-activées et des alcènes. Dans tous les cas, les adduits majoritairement formés sont issus d'une approche *exo*.
Chmielewski et ses collaborateurs [83, 84]ont étudié la réaction de CD-1,3 entre des nitrones cycliques à cinq chainons avec des γ-ou δ-lactones et des éthers cycliques (Figure1.42). La réaction avec des lactones à six chainons (δ-lactones) aboutit à la formation de l'adduit *exo* avec stéréosélectivité élevée, inversement les lactones à cinq chainons réagissent avec stéréosélectivité inférieur formant un mélange de produits ; dans ce cas il y a également la formation du produit *endo* [85, 86]. Des résultats similaires ont été reporté par Font et ses collaborateurs [87] pour les nitrones et les lactones simples. Ils ont trouvé que les voies stéréochimiques de ces cycloadditions sont très compliquées due à la réversibilité des réactions [81]. Les auteurs ont effectué une étude DFT au niveau B3LYP/6-31G(d,p), leurs calculs étaient en bon accord avec les résultats expérimentaux. Pour les lactones les calculs prédisent la régiosélectivité *méta*, tandis que pour les éthers qui ont un caractère électronique opposé, la régiosélectivité *ortho* est observé généralement. Dans tous les cas, les adduits *exo* ont une énergie d'activation inférieure que celle de l'*endo*. Ils ont également précisé que la stéréosélectivité

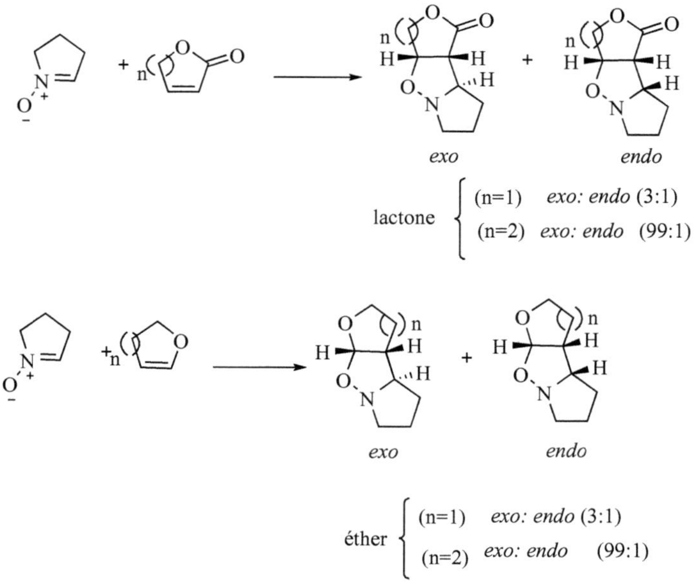

FIG. 1.42 – Réaction de CD-1,3 entre des nitrones cycliques à cinq chainons avec des γ-ou δ-lactones et des éthers cycliques

élevée avec des dipôlarophiles à six chainons (formation exclusive des adduits *exo*) est le résultat d'une répulsion stérique à l'état de transition *endo*.
Langlois et ses collaborateurs [88] ont exécuté des calculs des énergies et des coefficients des orbitales moléculaires frontières de la nitrone type oxazoline et des alcènes électro-appauvris (Figure1.43) utilisant le niveau RHF/AM1. Leurs études confirment la stéréosélectivité *endo* obtenue expérimentalement. Les auteurs expliquent une telle préférence par l'interaction secondaire entre le groupe électro-attracteur de l'alcène et l'atome d'oxygène du cycle *endo* de la nitrone. Domingo et ses collaborateurs [89] ont étudié la réaction de CD-1,3 de la nitrone préparée à partir de L-érythrulose avec l'acrylate d'éthyle et l'acrylonitrile (Figure1.44). Ces cycloadditions ont été étudié par la méthode DFT avec le fonctionnel B3LYP et les bases 6-31G* et 6-31+G*. La réaction avec l'acrylate d'éthyle n'est pas stéréosélective, tandis qu'avec l'acrylonitrile elle forme un seul stérioisomère. En outre la régiosélectivité de la réaction avec l'acrylate d'éthyle a été trouvé opposée. Pour la réaction avec l'acrylate de méthyle, les calculs DFT prédisent

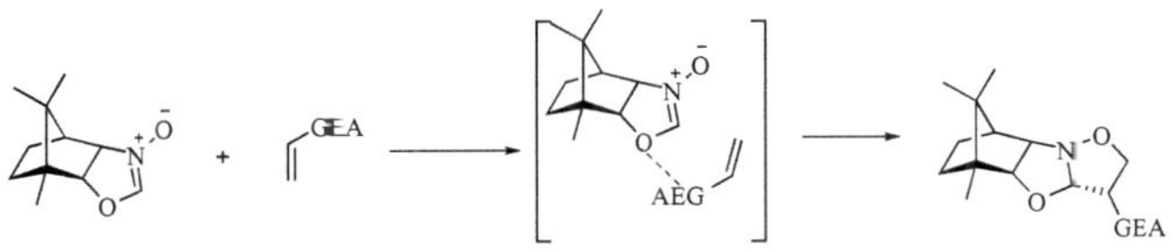

FIG. 1.43 – Réaction de CD-1,3 entre des nitrones type oxazoline avec des alcènes électroappauvris

la régiosélectivité *méta*. Cependant, pour la réaction avec l'acrylonitrile, la régiosélectivité prédit est dépend du niveau computationnel utilisé. Les calculs complémentaires indiquent que l'approche *exo* est favorisé énergétiquement dans le cas d'acrylonitrile, ceci est en accord avec les résultats expérimentaux. La raison principale de ceci est la répulsion stérique entre le groupe nitrile et un des groupes méthyliques sur la nitrone qui se développe progressivement dans l'approche *endo*. Fu et ses collaborateurs [90] ont étudié

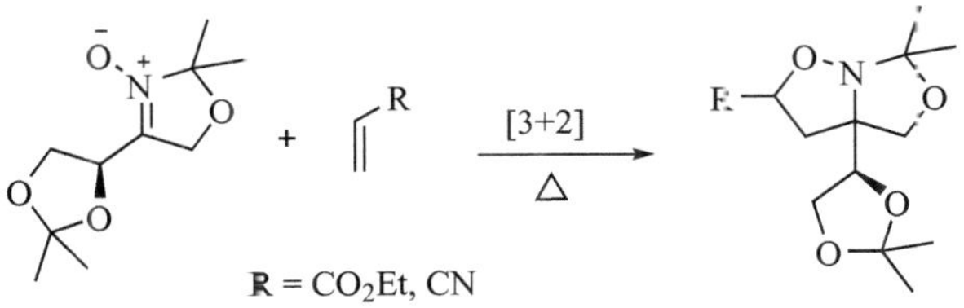

FIG. 1.44 – Réaction de CD-1,3 de la nitrone préparée à partir de L-érythrulose avec l'acrylate d'éthyle et l'acrylonitrile

la réaction de CD-1,3 entre le 1-pyrroline-1- oxyde et le méthylène cétène (Figure1.45) utilisant la méthode DFT au niveau B3LYP/6-31G*. Les résultats obtenus montrent qu'il y a trois sites possibles d'attaque sur le méthylène cétène, le mécanisme est concerté mais asynchrone. L'énergie d'activation favorise la formation du produit 1 (produit cinétique), les résultats computationnels montrent que les barrières d'énergie des produits 2 et 3 sont les plus basses (produits thermodynamiques). Ceci est en bon accord avec l'expérience. Chmielewski et ses collaborateurs [91] ont étudié la réaction de CD-1,3 de nitrones cycliques à six chainons avec des γ-lactones (Figure1.46), ils ont signalé que les produits *exo* sont obtenus majoritaires ; l'approche *endo* est défavorisé par la répulsion stérique à l'état de transition.

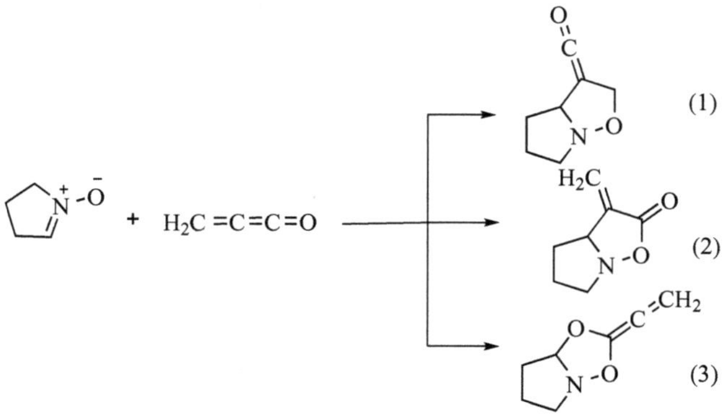

FIG. 1.45 – Réaction de CD-1,3 entre la 1-pyrroline-1- oxyde et le méthylène cétène

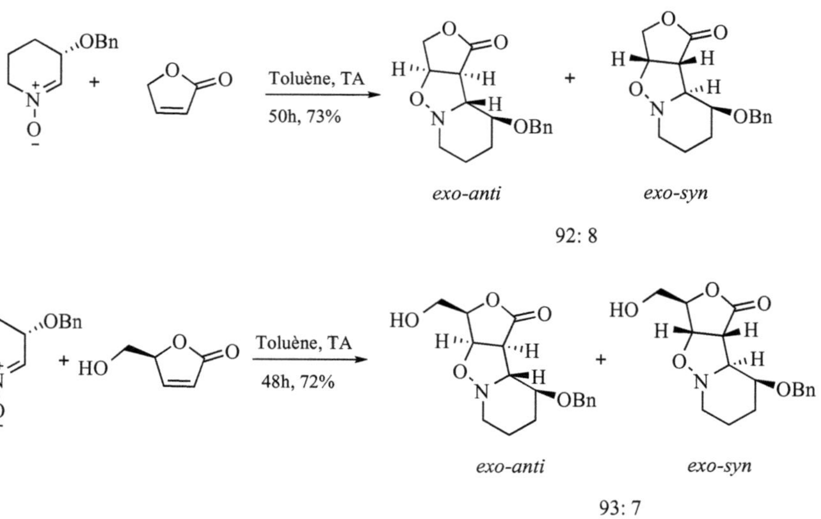

FIG. 1.46 – Réaction de CD-1,3 de nitrones cycliques à six chainons avec des γ-lactones

Chapitre 2

Méthodes de modélisation

Sommaire

2.1	Méthodes de chimie quantique	**35**
	2.1.1 Introduction	35
	2.1.2 Les méthodes *ab-initio*	35
	2.1.3 La théorie de la fonctionnelle de la densité (DFT)	40
	2.1.4 Les Bases d'orbitales atomiques	41

2.1 Méthodes de chimie quantique

2.1.1 Introduction

Les propriétés électroniques d'un système moléculaire sont calculables avec une très grande précision. Il est possible d'avoir accès avec une très grande précision à l'ensemble des propriétés électronique des systèmes chimiques, et de calculer leurs variations le long des chemins de réaction. Il est également possible de calculer les énergies des différentes formes moléculaires qui composent les chemins de réaction, et ceci même dans le cas des état électroniques excités. Par conséquent, les surfaces d'énergie potentielle sont visualisables, et les énergies des états de transition sont comparables, ce qui permet de calculer les différentes constantes de vitesse. Toutes les phases physico-chimiques sont accessibles aux études [92].

Ce chapitre a donc pour but de présenter les méthodes quantiques qui permettent d'extraire les propriétés électroniques du système.

2.1.2 Les méthodes *ab-initio*

La mécanique quantique stipule qu'un système peut être complètement décrit par sa fonction d'onde multiparticulaire, solution de l'équation de Schrödinger [93]. L'équation de Schrödinger, non relativiste et indépendante du temps décrivant la structure électronique d'une molécule peut s'écrire comme suit :

$$\widehat{H}\psi = E\psi \quad (2.1)$$

où :

$$\widehat{H} = \sum_{i=1}^{Na} -\frac{1}{2Ma}\nabla_a^2 + \sum_{i=1}^{n} -\frac{1}{2}\nabla_i^2 - \sum_{a=1}^{N_a-1}\sum_{b>a}^{Na}\frac{Z_a Z_b}{r_{ab}} - \sum_{a=1}^{N_a}\sum_{i=1}^{n}\frac{Za}{r_{ai}} + \sum_{i=1}^{n-1}\sum_{j>i}^{n}\frac{1}{r_{ij}} \quad (2.2)$$

Où les deux premiers termes correspondent aux opérateurs énergies cinétiques associées respectivement aux noyaux et aux électrons, le terme suivant est associé à l'interaction entre noyaux et les deux derniers termes sont, dans l'ordre, les interactions noyaux-électrons et entre électrons.

2.1.2.1 Approximation de Born-Oppenheimer

La masse d'un électron étant près de deux mille fois inférieure à celle du noyau, les mouvements des noyaux sont très lents par rapport aux mouvements des électrons, donc les noyaux sont supposés fixes. L'hamiltonien du système dans le cadre de l'approximation de Born-Oppenheimer [94] peut se réduire à la forme suivante :

$$\widehat{H} = \sum_{i=1}^{n} -\frac{1}{2}\nabla_i^2 - \sum_{a=1}^{N_a-1}\sum_{b>a}^{Na}\frac{Z_a Z_b}{r_{ab}} - \sum_{a=1}^{N_a}\sum_{i=1}^{n}\frac{Z_a}{r_{ai}} + \sum_{i=1}^{n-1}\sum_{j>i}^{n}\frac{1}{r_{ij}} \quad (2.3)$$

La valeur propre E de l'équation (2.3) correspond à l'énergie totale du système et contient l'énergie cinétique (T) des électrons, l'énergie d'interaction (U_{Ne}) entre les noyaux et les électrons, les énergies de répulsion électronique et nucleaire (U_{ee}) et (U_{NN}).

2.1.2.2 Méthode de Hartree-Fock

Une solution exacte de l'équation (2.3) est impossible pour des systèmes polyélectroniques, il est donc nécessaire de mettre en oeuvre des procédures simplificatrices afin de rendre possible l'obtention d'une solution approchée. Une première approximation consiste à ramener le problème à une seule particule se mouvant au sein d'un potentiel moyen créé par la présence de ses partenaires supposés fixes, cette première simplification appelée principe du champ auto-cohérent, la méthode dite de Hartree [95]. Par conséquent nous pouvant écrire la fonction d'onde totale ψ comme le produit de fonctions d'onde monoélectroniques.

$$\psi = \psi_1(1)\psi_2(2)\ldots\psi_n(n) \quad (2.4)$$

La fonction d'onde polyélectronique de Hartree (Equation 2.4) ne vérifie ni le principe d'indiscernabilité des électrons ni le principe d'exclusion de Pauli [96]. Pour tenir compte de ces deux principes, Fock [17] a proposé d'écrire la fonction d'onde totale sous forme d'un déterminant, appelée déterminant de Slater [98]. Ce déterminant est constitue de fonctions monoélectroniques appelés spin-orbitale et s'applique aux systèmes à couches fermés (comportant un nombre pair d'électron). Chaque spin orbitale est le produit d'une fonction spatiale ϕ(orbitale) dépendant des coordonnées spatiales de l'électron et d'une fonction de spin pouvant prendre exclusivement deux valeurs opposées notées α et β. La densité de spin étant nulle pour un système à couches fermées. De ce fait le système est symétrique par rapport à ces deux valeurs et il devient possible de décrire une paire d'électrons en fonction d'une même orbitale ϕ_i. De manière le déterminant polyélectroniques associé au système est constitué de N/2 orbitales $\phi_1, \phi_2, \ldots, \phi_n$ et le principe d'exclusion de Pauli est vérifié car deux spin orbitales du déterminant comportant la même fonction spatiale possèdent des fonctions de spin différentes. La fonction d'onde polyélectronique s'écrit sous la forme résumée comme suit :

$$\psi(1, 2, \ldots, n) = \frac{1}{\sqrt{n!}} |\phi_1(1)\alpha\phi_1(2)\beta \ldots \phi_n/2(n/2-1)\alpha\phi_n/2(n/2)\beta| \quad (2.5)$$

Avec : ϕ orbitale moléculaire monoélectronique et α et β sont les fonctions de spin. Le formalisme permettant l'obtention d'une telle fonction d'onde ψ appelée Hartree-Fock restreint (RHF). La théorie de Hartree-Fock se base sur le principe variationnel [99] dont l'énoncé peut prendre la forme suivante : pour toute fonction d'onde normalisée, antisymétrique ψ la valeur de l'énergie attendue sera toujours supérieure à l'énergie de la fonction exacte ψ_0. Où E_0 est la plus basse valeur propre associée à la fonction propre exacte ψ_0. De ce manière, le déterminant de Slater optimal ψ_{HF} est obtenu en minimisant le terme $\langle \psi | H | \psi \rangle$. A partir de la fonction d'onde définie en (2.5), on aboutit, pour les orbitales ϕ_i, à des équations monoélectroniques de la forme :

$$\widehat{H}^{eff}(1)\phi_i(1) = \varepsilon_i \phi_i(1) \quad (2.6)$$

$$\widehat{H}^{eff}(1) = h(1) + V_{eff}(1) = h(1) + \sum_a^{n/2} [2J_a(1) - K_a(1)] \quad (2.7)$$

$$h(1) = -\frac{1}{2}\nabla_i^2 - \sum_{N_a=1}^{N_a} \frac{Z_a}{r_{ia}} \quad (2.8)$$

L'indice 1 représente la position d'un électron et le terme V_{eff} représente le potentiel moyen dans lequel se déplace chaque électron, il est constitué d'une somme d'opérateurs de coulomb $\widehat{J}_a$, et d'échange $\widehat{K}_a$, définies de la manière suivante :

$$\widehat{J}_j(1) = \int \frac{1}{r_{12}} \phi_j(2)\phi_j(2) d\tau_2 \quad (2.9)$$

$$\widehat{K}_j(1) = \int \frac{1}{r_{12}} \phi_j^*(2)\phi_i(2) d\tau_2 \qquad (2.10)$$

Le facteur 2 signifie qu'il y a deux électrons dans chaque orbitale spatiale.
Ainsi, il est possible d'écrire l'expression de l'énergie de la molécule par la méthode Hartree-Fock E^{RHF} comme suit :

$$E^{RHF} = \langle \psi_{HF}|H|\psi_{HF}\rangle = 2\sum_i^{n/2} \varepsilon_i - \sum_i^{n/2}\sum_j^{n/2}(2J_{ij} - K_{ij}) \qquad (2.11)$$

Le premier terme est la somme des énergies des orbitales moléculaires occupées, les termes $\widehat{J}_{ij}$ et $\widehat{K}_{ij}$ sont déterminés par opération de l'opérateur de coulomb et d'échange sur $\phi_i(1)$ et multiplions le résultat par $\phi_i^*(1)$ et intégrons sur toute l'éspace.

2.1.2.3 Méthode de Hartree-Fock-Roothaan

Les équations de Hartree-Fock sont trop complexes pour permettre une résolution directe par des techniques d'analyse numérique, il est nécessaire d'effectuer une transformation supplémentaire plus adaptée à un traitement numérique, pour ce faire une nouvelle approximation consiste à exprimer les orbitales moléculaires (OM) comme des combinaisons linéaires de fonctions monoélectroniques φ_k (appelée approximation CLOA). Ces fonctions de base sont en générale centrées sur le noyau des différents atomes de la molécule. Ainsi les orbitales peuvent s'écrire sous la forme :

$$\phi_i = \sum_{k=1}^{N'} C_{ik}\varphi_{ik} \qquad (2.12)$$

L'indice k réfère la fonction d'onde d'une orbitale atomique, et l'indice i réfère une orbitale moléculaire. Le calcul d'OM se ramène donc à la détermination des coefficients C_{ik}, L'énergie d'un électron ε_i dans une orbitale moléculaire de la molécule, est calculée en fonction des coefficients C_{ik} pour chaque orbitale moléculaire. On aboutit aux équations de Roothaan et Hall [100, 101] qui s'écrivent comme suit :

$$\sum_{k=1}^{N'} C_{ik}\widehat{H}^{eff}\varphi_k = \varepsilon_i \sum_{k=1}^{N'} C_{ik}\varphi_k \qquad (2.13)$$

Pour calculer $\widehat{H}^{eff}$, une estimation des coefficients de l'autre orbitale moléculaire ϕ_j doit être faire. Multiplions l'équation (2.13) par φ_j^*(Où j=1,2,3...,N') et intégrons, on obtient l'expréssion suivante :

$$\sum_{k=1}^{N'} C_{ik}(H_{jk}^{eff} - \varepsilon_i S_{jk}) = 0 \qquad (2.14)$$

Les termes H_{jk}^{eff} sont nommés matrice de Fock.

$$H_{jk}^{eff} = \langle \varphi_j | \widehat{H}^{eff} | \varphi_i \rangle \quad (2.15)$$

Les termes S_{jk} sont nommés matrice de recouverement.

$$S_{jk} = \langle \varphi_j | \varphi_k \rangle \quad (2.16)$$

Utilisant la théorie de variation, les coefficients sont optimisés par prenant la dérivée de ε_i de chaque coefficient égale zéro.

2.1.2.4 Méthode d'interaction de configuration (IC)

Dans les méthodes IC [102, 103], la corrélation électronique est considérée par utilisation d'une combinaison linéaire de la fonction d'onde HF de l'état fondamental avec un grand nombre des configurations éxcitées.
Dans les méthodes IC pratiques, seuls les transitions des électrons de l'orbitale moléculaire haute occupée (HO) vers l'orbitale moléculaire basse vacante (BV) sont considérées.
- (CIS) : Configuration Interaction Single excitation.
- (CID) : Configuration Interaction Double excitation.

2.1.2.5 Méthode de perturbation de Møller-Plesset

La méthode de Møller-Plesset [104], utilise la théorie de perturbation pour corriger la corrélation électronique d'une système poly-électronique. Cette méthode est rapide par rapport aux méthodes IC. Cependant leur inconvénient est que cette méthode n'est pas variationnelle.
Dans la méthode de Møller-Plesset, l'Hamiltonien d'ordre zéro est définit comme une somme des Hamiltoniens mono-électronique $\widehat{H}_i^{HF}$.

$$\widehat{H}^{(0)} = \sum_{i=1}^{N} \widehat{H}_i^{HF} \quad (2.17)$$

La perturbation d'ordre 1 est la différence entre l'Hamiltonien d'ordre zéro et l'Hamiltonien électronique (Équation 2.3).

$$\widehat{H}^{(1)} = \widehat{H}^{électronique} - \widehat{H}^{(0)} \quad (2.18)$$

La fonction d'onde HF de l'état fondamental (Équation 2.4) ψ^{HF}, est une fonction propre de $\widehat{H}^{(0)}$, avec une valeur propre $E^{(0)}$ (La somme des énergies de tous les spin-orbitales occupées). L'énergie HF associée avec la fonction d'onde HF de l'état fondamental normalisée est donnée par la relation suivante :

$$E_{HF} = \langle \psi^{HF} | \widehat{H}^{électronique} | \psi^{HF} \rangle = \langle \psi^{HF} | \widehat{H}^{(0)} | \psi^{HF} \rangle + \langle \psi^{HF} | \widehat{H}^{(1)} | \psi^{HF} \rangle = E^{(0)} + E^{(1)} \quad (2.19)$$

CHAPITRE 2. MÉTHODES DE MODÉLISATION

d'où, l'énergie HF est la somme des énergies de l'ordre zéro et de l'ordre 1. La première correction de l'énergie de l'état fondamental du système est une résultat de la corrélation électronique est donnée par la théorie de perturbation d'ordre 2.

$$E_0^{(2)} = \sum_{j \neq 0} \frac{\langle \psi_j^{HF} | \widehat{H}^{(1)} | \psi_0^{HF} \rangle \langle \psi_0^{HF} | \widehat{H}^{(1)} | \psi_j^{HF} \rangle}{E_0^{(0)} - E_j} \qquad (2.20)$$

La correction de l'énergie de l'ordre 2 est nommée calcul MP2, et les corrections par ordre élevé sont nommées MP3, MP4,..., etc.

2.1.3 La théorie de la fonctionnelle de la densité (DFT)

L'étude des propriétés d'un système moléculaire nécessite souvent la prise en compte des effets de corrélation électronique. Au cours des dernières années, la théorie de fonctionnelle de la densité (DFT), avait un important potentiel pour l'étude des systèmes moléculaires et des problèmes chimiques [105]. Il existe plusieurs raisons majeurs qui font de la DFT, une méthode théorique intéressante pour la chimie :

1. Cette théorie inclut dans son formalisme la majeure partie de la corrélation électronique.
2. La méthode peut être appliquée à des systèmes covalents, ioniques ou métalliques.
3. Les études des systèmes moléculaires de plus grande taille deviennent accessibles.

Dans les modèles HF, l'énergie du système E^{HF} (voir équation 2.11) est écrit comme suit :

$$E^{HF} = E^{core} + E^{nucléaire} + E^{coulomb} + E^{échange} \qquad (2.21)$$

E^{core} est l'énergie d'un seul électron avec les noyaux. $E^{nucléaire}$ est l'énergie de répulsion entre les noyaux pour une configuration nucléaire donnée. Le terme $E^{coulomb}$ est l'énergie de répulsion entre les électrons. Le dernier terme, $E^{échange}$ prend la corrélation spin-spin en quantité. Dans la méthode DFT, l'énergie du système est comporte les parties core, nucléaire, et coulomb, mais l'énergie d'échange avec l'énergie de corrélation $E_{XC}(\rho)$ est calculé en fonction de la matrice de la densité électronique $\rho(r)$

$$E^{DFT} = E^{core} + E^{nucléaire} + E^{coulomb} + E_{XC}[\rho] \qquad (2.22)$$

Dans l'approche le plus simple, nommé **théorie de la densité locale** [106, 107] les énergies d'échange et de corrélation sont déterminées comme un intégrale d'une certaine fonction de la densité électronique totale.

$$E_{XC} = \int \rho(r) \varepsilon_{XC}[\rho(r)] dr \qquad (2.23)$$

CHAPITRE 2. MÉTHODES DE MODÉLISATION   41

La matrice de la densité électronique $\rho(r)$ est déterminé à partir des orbitales de Kohn-Sham [106] ψ_i donnée dans l'expression suivante pour un système à N électrons.

$$\rho(r) = \sum_{i=1}^{N} |\psi_i|^2 \qquad (2.24)$$

Le terme ε_{XC} représente l'énergie d'échange-corrélation. Les fonctions d'onde de Kohn-Sham sont déterminées à partir des équations de Kohn-Sham.

$$\{-\frac{1}{2}\nabla_1^2 - \sum_{A}^{noyaux} \frac{Z_A}{r_{A1}} + \int \frac{\rho(r_2)}{r_{12}} dr_2 + V_{XC}(r_1)\}\psi_1(r_1) = \varepsilon_i \psi_i(r_1) \qquad (2.25)$$

Les termes ε_i sont les énergies des orbitales de Kohn-Sham. Le potentiel de corrélation et d'échange V_{XC} est le dérivé de l'énergie de corrélation et d'échange.

$$V_{XC}[\rho] = \frac{\delta E_{XC}[\rho]}{\delta \rho} \qquad (2.26)$$

Si E_{XC} est connue, V_{XC} peut être calculé.

2.1.3.1 Fonctionnelle hybride B3LYP

Plusieurs fonctionnelles incluant une partie Hartree-Fock et une partie DFT pour décrire le terme d'échange ont été développées. la fonctionnelle B3LYP a été utilisée au cours de nos études, elle peut s'écrire de la manière suivante :

$$E_{B3LYP}^{XC} = a_0 E_{LDA}^{X} + (1-a_0)E_{HF}^{XC} + a_1 \Delta E_{Becke}^{X} + E_{LDA}^{C} + a_2(E_{LYP}^{C} - E_{LDA}^{C}) \qquad (2.27)$$

avec : a_0=0,80, a_1=0,72 et a_2=0,81.

2.1.4 Les Bases d'orbitales atomiques

La méthode CLOA exprime les orbitales moléculaires sous la forme d'une combinaison linéaire des orbitales atomiques (CA), appelées fonctions de base. Les OA de l'hydrogène et des hydrogénoides sont définies par la relation suivante :

$$\psi_{n,l,m} = NY_{lm}(\theta,\varphi)P(r)^{n-1}exp(-\frac{2r}{n_{a0}}) \qquad (2.28)$$

où P est un polynome en r et Y_{lm} la fonction angulaire classique. Slater [108] proposa des fonctions (STO) qui sont les meilleurs OA analytique définies de la forme :

$$\psi_{n,l,m} = Nr^{n-1}exp(-\zeta r)Y_{lm}(\theta,\phi) \qquad (2.29)$$

Où N_n est le facteur de normalisation et ζ est l'exponentiel orbital (exposant de Slater, déterminant la taille de l'orbitale), $Y_{lm}(\theta,\phi)$ sont les harmoniques sphériques. Dans ce

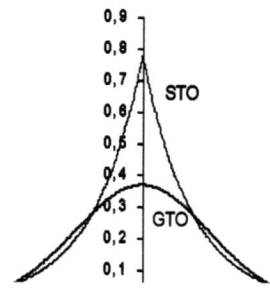

FIG. 2.1 – Comparaison entre STO et GTO

type de fonction, l'exponentielle pose de grandes difficultés dans le calcul des intégrales dans les systèmes polyatomiques.
Boys [105] a remplacé cette exponentielle par gaussienne(αr^2).

$$g(\alpha, r) = CX^n Y^l Z^m exp(-\alpha r^2) \qquad (2.30)$$

α est une constante déterminant la taille de la fonction.
La dépendance en r^2 du terme exponentiel rend les fonctions gaussiennes moins performantes que les orbitales de type Slater (STO) sur deux points. Si cette base donne une assez bonne description de la densité électronique aux distances éloignées du noyau, la description du comportement de la fonction d'onde exacte au voisinage du noyau est assez mauvaise (voir Figure 2.1).

Donc elle est remplacée par une combinaison linéaire de plusieurs gaussiennes. Pour comprendre la stratégie d'amélioration des bases, on découpe l'espace en trois zones.

Les orbitales internes

Les électrons sont proches au noyau ; le potentiel nucléaire est de symétrie sphérique, et les orbitales atomiques sont bien adaptées, mais l'énergie étant très sensible à la position de l'électron au voisinage du noyau, il sera préférable de prendre un nombre élevé de gaussiennes.

CHAPITRE 2. MÉTHODES DE MODÉLISATION

La zone de valence

C'est la région sensible de la molécule, où la densité électronique est délocalisée entre plusieurs atomes, loin de la symétrie sphérique. On utilisera pour la décrire au mieux :
- La décomposition de la couche de valence, ou multiple zeta de valence (split valence) Par exemple, pour le carbone une base DZ utilisera deux orbitales s de valence 2s (intérieur) et 2s' (extérieur) et six orbitales p ; $2p_x$, $2p_y$, $2p_z$ (intérieurs) et $2p'_x$, $2p'_y$, $2p'_z$ (extérieurs). Les bases usuelles de bonne qualité sont DZ et TZ.
- L'ajout d'orbitales de polarisation ; il faut tenir compte du fait que dans la molécule, les atomes subissent une déformation du nuage électronique, due à l'environnement. Ce phénomène peut être pris en compte par l'introduction de fonctions supplémentaires dans la base atomique, dites de polarisation. L'ajout de ces fonctions est très utile dans le but d'avoir une bonne description des grandeurs telles que l'énergie de dissociation, les moments dipolaires,...etc. Ces fonctions nous permettent d'augmenter la flexibilité de la base en tenant compte de la déformation des orbitales de valence lors de la déformation de la molécule. Ces orbitales sont de type p, d pour l'hydrogène, d, f et g pour les atomes de la $2^{éme}$ et $3^{érie}$ période, ..., etc.

La zone de diffuse

Au-delà de la couche de valence, loin des noyaux, on peut ajouter des orbitales diffuses. Ces OA ne sont pas indispensables dans les systèmes usuels, mais le deviennent quand on s'intéresse à des interactions à longue distance (complexe de Van der Waals), espèces ayant des doublets libres et des espèces chargées (anions). On note par le signe (+).

Nomenclature de bases usuelles

Outre la base minimale STO-3G, un jeu de bases très utilisé est symbolisé par n-n'n"...(++)(**).
- n designe le nombre de gaussienne de la couche interne.
- n'n"...indiquent le nombre de gaussiennes utilisées dans chaque couche de valence.
- ++ désigne ensembles de diffuses.
- ** désigne des fonctions d sur les atomes de la deuxième période, et des fonctions p sur l'hydrogène. Une notation équivalente est (d,p).

Par exepmle, la base très utilisée 6-31G** désigne une base DZ ; comporte pour le carbone six gaussiennes pour l'orbitale 1s, un double ensemble de valence 2s2p décrit par 3 gaussiennes, et 2s'2p' décrit par un gaussienne, avec des orbitales de polarisation d sur le carbone et p sur les hydrogènes.

Une autre famille de bases de bonne qualité ont été proposées par Huzinaga et Dunning [109, 110].

Chapitre 3

Modèles et indices de réactivité chimique

Sommaire

3.1	La théorie de l'état de transition	**45**
	3.1.1 Surface d'énergie potentielle	46
	3.1.2 Caractérisation des points stationnaires	46
	3.1.3 Recherche de l'état de transition	47
3.2	Théorie des orbitales moléculaires frontières	**48**
	3.2.1 L'énergie des orbitales frontières	48
	3.2.2 Les coefficients des orbitales atomiques	49
3.3	Les indices de réactivité dérivant de la DFT	**49**
	3.3.1 Les indices globaux	50
	3.3.2 Les indices locaux	51

L'étude de la stabilité de certaines molécules et la sélectivité des réactions chimiques est toujours sujet à débat en chimie organique. La chimie quantique offre la possibilité d'étudier la sélectivité et la réactivité chimique. Différentes théories ont été découvertes pour étudier ces phénomènes chimiques. Dans ce chapitre on se présentera les théories quantiques les plus utilisées pour étudier la sélectivité et la réactivité chimique à savoir : la théorie de l'état de transition, la théorie des orbitales moléculaires frontières, et les indices de réactivité dérivant de la DFT.

3.1 La théorie de l'état de transition

La théorie de l'état de transition (TET) développée en 1935 par Eyring [21, 22] est la théorie la plus largement utilisée pour le calcul des vitesses des réactions. La popularité de TET est due à leur simplicité et utilité pour la tendance de corréler les vitesses des

CHAPITRE 3. MODÈLES ET INDICES DE RÉACTIVITÉ CHIMIQUE 46

réactions en termes d'interpréter les quantités. Cette théorie affirme que les réactifs (état initial) doivent passer par un état de transition en forme de complexe active avant de former les produits (état final), et que la vitesse de cette réaction est proportionnelle à la concentration de ce complexe active. La barrière d'activation calculée par :

$$E_a = E_{ET} - E_{réactifs} \tag{3.1}$$

3.1.1 Surface d'énergie potentielle

La surface d'énergie potentielle est souvent représentée par l'illustration, donnée dans la figure 3.1. Ces surfaces précisent les chemins dans lesquels l'énergie du système moléculaire varie avec un changement dans leur structure. Dans ces chemins la surface d'énergie potentielle est une relation mathématique entre la structure moléculaire et l'énergie résultante.

Par exemple pour une molécule diatomique, la surface d'énergie potentielle peut être représentée par un tracé bidimensionnel avec la distance internucléaire sur l'axe des x et l'énergie de chaque longueur de liaison sur l'axe des y, dans ce cas la surface d'énergie potentielle est une courbe. Pour les systèmes à taille élevée la surface possède plusieurs dimensions égales aux degrés de liberté dans la molécule.

La surface d'énergie potentielle illustrée dans la figure 3.1 considère seulement deux degrés de liberté et tracé l'énergie sur le plan déterminé par eux formant une surface. Chaque point représente une structure moléculaire particulière, la hauteur de la surface à ce point correspond à l'énergie de cette structure.

Notre exemple contenant trois minimums : un minimum est un point au dessous de la surface, où chaque mouvement dans n'importe quelle direction conduit à une énergie élevée. Deux sont des minimums locaux, correspondant au point plus faible dans une région limitée, et un des trois est un minimum global ; le point d'énergie plus faible dans n'importe où dans la surface. Différents minimums corresponds aux différents conformations ou isomères de la molécule. La figure représente aussi deux maximums (états de transition) et point de scelle d'ordre-2 [111].

Dans les deux minimums et le point de scelle, la première dérivée de l'énergie (connue comme gradient) est égal à zéro. Le gradient est le négative des forces[1] sont aussi égales à zéro dans ces points. Les points dans la surface où les forces égales à zéro sont nommés points stationnaires.

3.1.2 Caractérisation des points stationnaires

L'optimisation de la géométrie ne peut pas détermine le point stationnaire qui a été obtenu. Pour caractériser les points stationnaires, il est nécessaire d'exécuter un calcul

---
[1]Les forces : les dérivées de l'énergie.

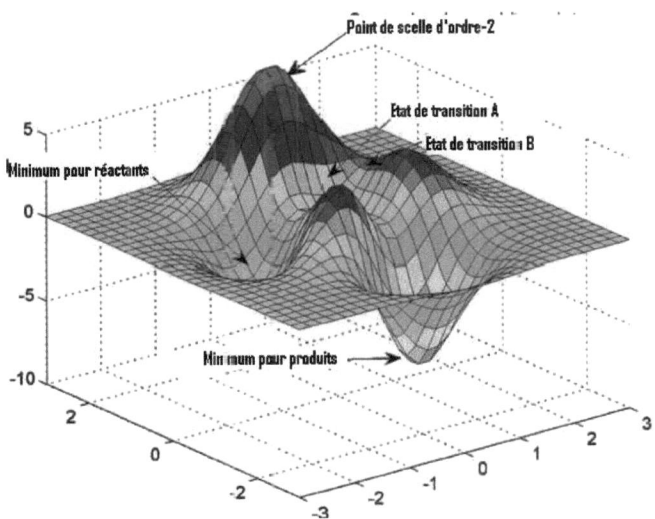

Fig. 3.1 – Surface d'énergie potentielle

des fréquences. Ici, nous pouvons distinguer entre un minimum et un point de scelle.
- Pour un minimum local, toutes les fréquences vibrationnelles sont des nombres réels.
- Pour un point de scelle d'ordre n, il existe n fréquences imaginaires de vibration.

3.1.3 Recherche de l'état de transition

Un état de transition est un point de scelle d'ordre 1 dans la surface d'énergie potentielle, c'est un état de transition d'une réaction chimique, au contraire d'un minimum, un de ses dérivées secondes est négative (possède une seule fréquence imaginaire de vibration). Un point de scelle d'ordre n ($n \geq 2$) possède 2 ou plusieurs fréquences imaginaires n'est pas un état de transition.

Remarques

- Pour les réactions a contrôle cinétique, le calcul des énergies d'activation permet de favoriser la formation d'un produit par rapport a un autre et par conséquent conclure sur le mécanisme le plus favorisé cinétiquement.
- Pour des systèmes en équilibre, la probabilité de trouver une molécule dans un état dépend de son énergie au moyen de la distribution de Boltzman.
- Le système a le choix entre plusieurs chemins réactionnels. La proportion des produits formés selon chacun des processus montre que le système choisit de préférence le chemin le plus facile, c'est-a-dire correspondant a l'énergie d'activation la plus faible.

La constante de vitesse est écrit selon l'équation d'Arrhenius [112] :

$$K = \frac{K_B T}{h} e^{-\Delta G^\ddagger/RT} \qquad (3.2)$$

K_B : La constante de Boltzman.
T : température absolue 298.15 K.
h : La constante de Planck
R : constante des gaz parfaits 1.9872 cal K^{-1} mol^{-1}
$\Delta G^\ddagger$: La différence d'énergie libre de Gibbs entre l'état de transition et les réactifs.

3.2 Théorie des orbitales moléculaires frontières

La théorie des orbitales frontières a été développée dans les années 1950 par K. Fukui [113, 114] pour expliquer la régioselectivité observée lors de réactions mettant en jeu des composés aromatiques. L'idée originale de Fukui consiste à postuler qu'au cours d'une réaction entre un nucléophile et un électrophile, le transfert de charge qui a lieu au voisinage de l'état de transition met en jeu principalement les électrons de l'orbitale moléculaire la plus haute occupée (HO) du nucléophile. Il doit en résulter que la densité électronique associée à ces électrons qu'il les a qualifié de frontaliers doit permettre d'expliquer la réactivité et la sélectivité.

3.2.1 L'énergie des orbitales frontières

D'après la classification de Pearson [115]des acides et des bases de Lewis en espèces dures et molles, il ressort que les espèces dures sont fortement chargées, et ont des orbitales très contractées, à l'inverse des espèces molles qui sont faiblement chargées et ont des orbitales peu contractées. De plus les acides durs ont une BV très haute en énergie et les bases dures une HO très basse.

3.2.2 Les coefficients des orbitales atomiques

Si la réaction est sous contrôle électrostatique, l'approche la plus favorable est celle qui rapproche des charges élevées de signes opposés, et éloigne des charges élevées de même signe. On retrouve la règle bien connue selon laquelle au cours d'une réaction sous contrôle électrostatique, parmi toutes les interactions possibles entre l'electrophile et le nucléophile, la plus favorable est celle qui met en jeu le site le plus positivement chargé de l'électrophile et le site le plus négativement chargé du nucléophile.

Si la réaction est sous contrôle transfert de charge, selon la règle de Houk [116] ce sont les coefficients des orbitales atomiques dans les orbitales frontières qui vont être déterminants. On retrouve bien la règle selon laquelle l'interaction la plus favorable pour une réaction sous contrôle de transfert de charge est celle qui met en jeu l'atome du nucléophile avec le plus gros coefficient dans la HO et l'atome de l'électrophile avec le plus gros coefficient dans la BV(Figure 3.2) [117].

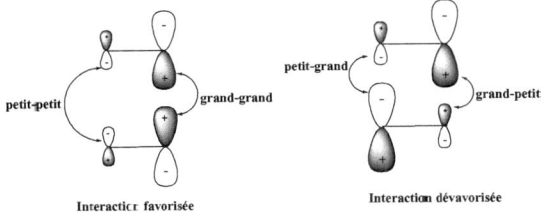

FIG. 3.2 – Interaction possibles entre les centres atomiques

3.3 Les indices de réactivité dérivant de la DFT

Dans les années récentes différentes approches d'une grande importance en chimie quantique basées sur les théorèmes de Kohn et Hohenberg ont vu le jour. Ainsi, le premier théorème de Kohn et Hohenberg [118] montre que la densité électronique $\rho(r)$ détermine le nombre d'électrons N du système grâce à la relation :

$$N = \int \rho(r)dr \quad (3.3)$$

$\rho(r)$ détermine v et l'hamiltonien du système à N électrons, et l'énergie E ; ainsi E est un fonctionnel de $\rho(r)$ ou de N et v(r).

$$E = E[\rho(r)] \quad (3.4)$$

CHAPITRE 3. MODÈLES ET INDICES DE RÉACTIVITÉ CHIMIQUE 50

$$E = E[N, V(r)] \tag{3.5}$$

La variation de l'énergie du système est due à la perturbation du nombre des électrons ou potentiel extérieur exercé lors de l'approche d'un autre réactif. L'énergie de la molécule peut donc être exprimée sous forme d'un développement de Taylor :

$$(\frac{\partial^m E}{\partial n \partial n'}), avec : m = n + n' \tag{3.6}$$

3.3.1 Les indices globaux

3.3.1.1 L'électronégativité χ

Selon la définition d'Iczkowski et Margrave [119], l'électronégativité est définie comme la dérivée de l'énergie par rapport à N (N est le nombre d'électrons), c'est une propriété globale qui ne change pas d'un point à l'autre de l'espace.

$$\chi = -(\frac{\partial E}{\partial N})_V \tag{3.7}$$

L'électronégativité χ peut être réexprimée selon l'approximation de différences finies par :

$$\chi = \frac{1}{2}(EI + EA) \tag{3.8}$$

Où EI et EA sont respectivement l'énergie d'ionisation et l'affinité électronique, qui sont données par :

$$EI = E(N_0 - 1) - E(N_0) \tag{3.9}$$

$$EI = E(N_0) - E(N_0 + 1) \tag{3.10}$$

L'électronégativité représente la tendance d'un atome ou d'une molécule à ne pas laisser ses électrons s'échapper.

3.3.1.2 Le potentiel chimique μ

Par analogie avec le potentiel chimique $\mu_i = (\frac{\partial G}{\partial n_i})_{P,T,n_j}$ en thermodynamique, la dérivée partielle de l'énergie par rapport au nombre d'électron a été appelée potentiel chimique électronique μ [120].

$$\mu = (\frac{\partial E}{\partial N})_V \tag{3.11}$$

3.3.1.3 La dureté η

Parr et Pearson [121] ont identifié la dureté comme la dérivé seconde de l'énergie par rapport au nombre d'électron selon la relation suivante :

$$\eta = (\frac{\partial^2 E}{\partial N^2})_V = (\frac{\partial \mu}{\partial N})_V \quad (3.12)$$

L'expression approximative de la dureté est donnée par :

$$\eta = \frac{1}{EI - EA} \quad (3.13)$$

La dureté chimique η est une mesure de la stabilité du système : le système qui a la dureté maximum est le plus stable.

3.3.1.4 La mollesse S

La mollesse [122] est définie comme l'inverse de la dureté. c'est la capacité d'un atome ou d'une molécule de conserver une charge acquise, cette propriété est donnée par la relation suivante :

$$S = \frac{1}{2\eta} = \frac{1}{2}(EI - EA) \quad (3.14)$$

3.3.1.5 L'électrophilicité ω

L'électrophilicité ω [123] est définie comme la stabilisation énergétique due au transfert de charge quant le système acquiert une charge électronique ΔN. l'expression approximative de ω à l'état fondamental est :

$$\omega = \frac{\mu^2}{2\eta} \quad (3.15)$$

La quantité maximale de la charge électronique que le système électrophilique peut accepter est donnée par :

$$\Delta N = -\frac{\mu}{\eta} \quad (3.16)$$

3.3.2 Les indices locaux

L'étude de la réactivité des molécules s'appuie sur les indices globaux, tandis que l'étude de la sélectivité doit s'appuyer sur les indices locaux.

3.3.2.1 Les fonctions de Fukui

La fonction de Fukui [124] est définie comme la variation de la densité électronique lorsque le nombre d'électrons change :

$$f(r) = (\frac{\partial \rho(r)}{\partial N})_V \quad (3.17)$$

CHAPITRE 3. MODÈLES ET INDICES DE RÉACTIVITÉ CHIMIQUE   52

Il est important de différencier la variation de la densité électronique lors de l'ajout ou du retrait d'électrons, c'est-à-dire différencier les attaques électrophiles des attaques nucléophiles [125].

Attaque nucléophile :
$$f^+(r) = (\frac{\partial \rho(r)}{\partial N})_V^+ \qquad (3.18)$$

Attaque électrophile :
$$f^-(r) = (\frac{\partial \rho(r)}{\partial N})_V^- \qquad (3.19)$$

Dans la plupart des études de la sélectivité chimique, les fonctions de Fukui sont calculées à l'aide des approximations des différences finies :

$$f^+(r) = \rho_{N_0+1}(r) - \rho_{N_0} \qquad (3.20)$$

$$f^-(r) = \rho_{N_0}(r) - \rho_{N_0-1} \qquad (3.21)$$

Pour obtenir des résultats comparables il est nécessaire de condenser ces fonctions sur des sites atomiques :

$$f_k^+ = q_k^{N_0+1} - q_k^{N_0} \qquad (3.22)$$

$$f_k^- = q_k^{N_0} - q_k^{N_0-1} \qquad (3.23)$$

Où : $q_k^{N_0}$ représente la population électronique atomique de l'atome k avec N électrons (neutre). $q_k^{N_0+1}$ représente la population électronique atomique de l'atome k avec (N+1) électrons (anion). $q_k^{N_0-1}$ représente la population électronique atomique de l'atome k avec (N-1) électrons (cation).

3.3.2.2 Dureté et mollesse locales

Les fonctions $S^+(r)$ et $S^-(r)$ sont obtenus par la multiplication des fonctions de Fukui avec la mollesse totale S [126] :

$$S(r) = f(r) \times S \qquad (3.24)$$

$$S_k^\pm = f_k^\pm \times S \qquad (3.25)$$

3.3.2.3 Electrophilicité locale

L'électrophilicité locale définie par :

$$\omega_k^\pm = \omega \times f_k^\pm \qquad (3.26)$$

Conclusion

Conclusion

Les réactions de cycloaddition ont été largement étudiées aussi bien sur le plan pratique que théorique. Ainsi, dans le premier chapitre sont présentés quelques aspects basiques issus de ses réactions de CA comme : la régiosélectivité et la stéréosélectivité... etc, en citant les travaux de plusieurs équipes ayant travaillé dans le domaine. On a présenté aussi une compilation des études théoriques effectuées pour la compréhension de l'origine de la sélectivité dans les réactions de cycloaddition dipolaire-1,3 entre les nitrones et les alcènes.

Les méthodes quantiques décrites dans le second chapitre donnent aux chimistes théoriciens les moyens pour calculer l'énergie et les propriétés électroniques des systèmes moléculaires, et leurs évolutions au cours d'une réaction chimique (réactifs, états de transition et produits). Généralement les valeurs numériques obtenues sont des résultats d'un modèle qui ne décrit pas toute la réalité physique. Pour cette raison, la recherche d'une méthode plus fiable et plus pratique reste toujours un centre d'intérêt de première importance des chimistes théoriciens.

Dans le troisième chapitre, trois modèles théoriques ont été présentés pour l'étude de la réactivité et la sélectivité à savoir la théorie de l'état de transition, la théorie des orbitales frontières et les indices de réactivité dérivant de la DFT. Le premier modèle est utilisé pour étudier les problèmes de la régiosélectivité et de la stéréosélectivité. Les deux derniers modèles sont disposés pour la prédiction de la régiosélectivité en chimie organique.

Deuxième PARTIE

Résultats et discussion

Chapitre 4

Réaction avec l'alcool allylique

Sommaire

4.1	Données expérimentales	**56**
	4.1.1 Introduction	56
	4.1.2 Résultats expérimentaux	57
	4.1.3 Choix du modèle	57
	4.1.4 Choix de l'isomère	58
4.2	Géométrie des réactifs	**59**
4.3	Sélectivité	**60**
	4.3.1 La régiosélectivité *ortho/méta*	60
	4.3.2 Stéréosélectivité *cis/trans*	63

4.1 Données expérimentales

4.1.1 Introduction

La régiosélectivité et la stéréosélectivité sont des paramètres importants en chimie organique, car les conséquences pouvant découler de l'utilisation de certains mélanges d'isomères notamment les mélanges d'énantiomères- sur l'activité biologique et leur implication dans l'industrie pharmaceutique est réelle [13]. Il est donc nécessaire de comprendre les facteurs qui induisent les différents types de sélectivités et les contrôler. L'activation des alcènes ou des nitrones dans les réactions de CD-1,3 a été l'objet de nombreuses études, utilisant des agents activants (comme les acides de Lewis), notamment leurs effets sur la régiosélectivié et la stéréosélectivité.

TAB. 4.1 – Données expérimentales de la sélectivité

Essai	R	Durée de réaction(h)	Ratio $trans/cis$	Rendement
a	CH_2OH	48	62 :38	58
b	CH_2NHBoc	48	72 :28	83
c	CH_2Br	40	65 :35	61
d	CH_2SiMe_3	40	95 :5	64
e	CO_2Me	24	90 :10	73
f	OAc	40	90 :10	62
g	Ph	24	90 :10	62
h	$PO(OEt)_2$	24	74 :19	36
i	$CH_2PO(OEt)_2$	50	74 :26	27

4.1.2 Résultats expérimentaux

Récemment, une synthèse hautement régiospécifique et stéréosélective a été réalisée par Piotrowska [18, 19] sans utilisation d'un agent d'activation (Tableau 4.1). La série de composés étudiés indique que la stéréosélectivité dépend de la nature du substituant R porté par l'alcène (Figure 4.1). Pour étudier les facteurs influents sur la régiosélectivité et la stéréselectivité de ces réactions, notre choix s'est porté sur la réaction entre la C-diéthoxyphosphoryl-N-méthylnitrone avec l'alcool allylique (Essai a) et l'acrylate de méthyle (Essai e). Cette réaction conduit à la formation d'un seul régioisomère : le produit

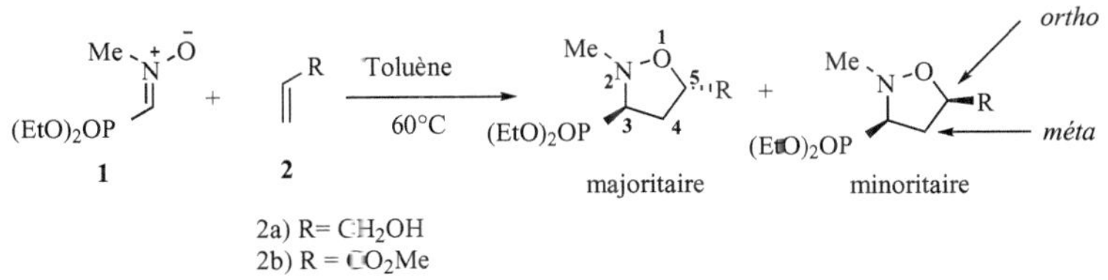

FIG. 4.1 – Bilan de la réaction

$ortho$-substitué ; dont le stéréisomère $trans$ est toujours obtenu en quantité majoritaire. Nous nous intéresserons plus particulièrement à la régiosélectivité $ortho$ et $méta$, et à la stéréosélectivité cis et $trans$.

4.1.3 Choix du modèle

En général, les études théoriques se limitent souvent à des systèmes basés sur des modèles. L'étude de cette réaction de cycloaddition dipolaire-1,3 a été abordée en utili-

Tab. 4.2 – Les énergies des isomères Z et E de la nitrone **1**

Isomère	Energie (u.a)	(Kcal/mole)
(E)	737,50899	00,00
(Z)	-737,45190	**35.78**

sant la nitrone simple **1** ; nous nous sommes rendu compte que remplacer les groupements éthyle et méthyle par des hydrogènes, mènera à la nitrone C-phosphorylée la plus simple (Figure 4.2).

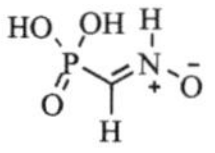

Fig. 4.2 – La structure de la nitrone **1**

4.1.4 Choix de l'isomère

Les configurations des isomères E et Z de la nitrone **1** ont été évaluées(voir Figure 4.3), le tableau 4.2 représente l'énergie et l'énergie relative des isomères de la nitrone **1**. On remarque que l'énergie relative entre les isomères Z et E de la nitrone est très significative (35,78 kcal/mole) ; l'isomère E est plus stable que l'isomère Z, donc l'isomère E est le plus favorisé. Ceci peut être due à l'interaction électrostatique défavorable entre les deux atomes d'oxygène de la fonction nitrone et du groupement phosphoryle présent dans l'isomère Z la distance entre eux est de l'ordre de 2,68Å, donc on a choisi l'isomère E pour effectuer notre étude.

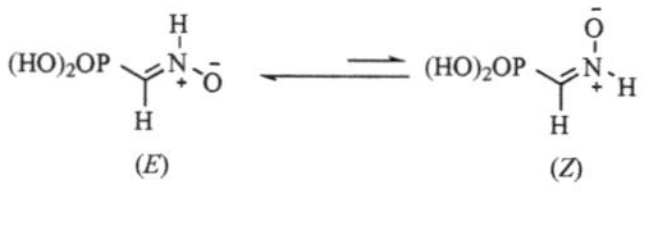

Fig. 4.3 – Les isomères Z et E de la nitrone **1**

Remarque

Les énergies sont référées par rapport à l'énergie de la forme E.

4.2 Géométrie des réactifs

La géométrie des réactifs a été optimisée au niveau B3LYP/6-31G (d, p). Les figures 4.4 et 4.5 représentent la géométrie de la nitrone **1** et du dipôlarophile **2a** respectivement, avec quelques paramètres structuraux. La longueur de liaison N-O est 1,24Å, cette valeur

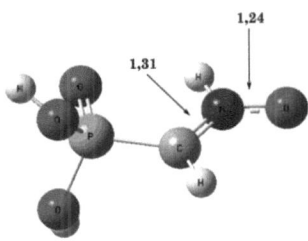

FIG. 4.4 – La géométrie optimisée de la nitrone **1**

est inférieure à celle d'une liaison N-O (1,31Å) ceci indique que le doublet électronique de l'oxygène participe à la conjugaison avec les doubles liaisons C=N et P=O, et formant un système fortement conjugué.

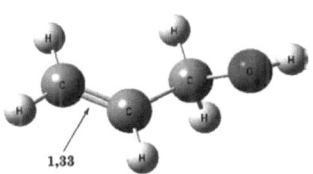

FIG. 4.5 – La géométrie optimisée du dipôlarophile **2a**

4.3 Sélectivité

Nous avons considéré les deux voies possibles de la réaction *ortho* et *méta* correspondant à la formation des isoxazolidines substitués respectivement en 5- et 4. Les approches *endo* et *exo* de l'alcène à l'isomère E de la nitrone complète l'étude. Par conséquent, quatre états de transitions conduisant aux quatre cycloadduits possibles ont été localisés. La nomenclature utilisée pour définir les points stationnaires est donnée au Figure 4.6.

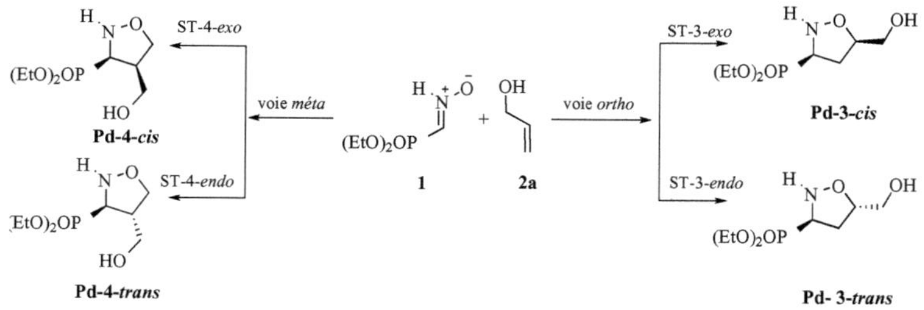

FIG. 4.6 – Les voies possibles de la réaction de CD-1,3 entre la nitrone **1** et l'alcène **2a**

4.3.1 La régiosélectivité *ortho/méta*

4.3.1.1 Analyse des orbitales moléculaires frontières

Selon la règle de Houk [116], en général la régiosélectivité de ces réactions peut être interprétée par l'interaction la plus favorable entre les orbitales moléculaires frontières : celles des centres qui possèdent un grand coefficient du dipôle et dipolarôphile ; les interactions de type grand-grand et petit-petit sont plus favorisées par rapport aux interactions grand-petit et petit-grand.

Prédiction du caractère DEN ou DEI

Afin de mettre en évidence le caractère DEN (Demande Electronique Normale) ou DEI (Demande Electronique Inverse), nous avons calculé les écarts énergétiques HO-BV pour les deux interactions possibles (Tableau 4.3).
La figure 4.7 montre une représentation schématique des interactions possibles entre les orbitales moléculaires frontières (HO$_{nitrone}$ - BV$_{alcène}$) et (HO$_{alcène}$ - BV$_{nitrone}$).

L'analyse OMF de cette réaction montre que l'écart d'énergie (11,96 eV) correspondant à la combinaison HO$_{alcène}$-BV$_{nitrone}$ est plus faible que celui correspondant à la

CHAPITRE 4. RÉACTION AVEC L'ALCOOL ALLYLIQUE

TAB. 4.3 – L'écart énergétique entre les deux combinaisons possibles HO/BV

Réaction	DEN	DEI
1+2a	14,63	11,96

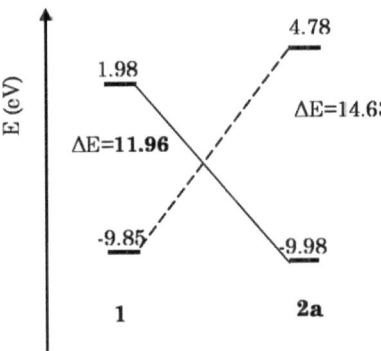

FIG. 4.7 – Représentation schématique des interactions possibles HO/BV de la CD-1,3 entre la nitrone **1** et l'alcène **2a**.

combinaison $HO_{nitrone}$-$BV_{alcène}$ (14,63) ; par conséquent, l'alcool allylique **2a** se comporte comme un nucléophile (donneur d'électrons) et la nitrone **1** comme un électrophile (accepteur d'électrons). L'interaction inter-orbitalaire aura lieu entre la HO de l'alcool allylique et la BV de la nitrone (Demande électronique inverse DEI).
Les coefficients moléculaires des centres atomiques des orbitales moléculaires frontières, sont rassemblées au Tableau 4.4. Les atomes de carbone et d'oxygène ont été numérotés selon la figure 4.8. Le tableau 4.4 indique que l'interaction dominante grand-grand aura

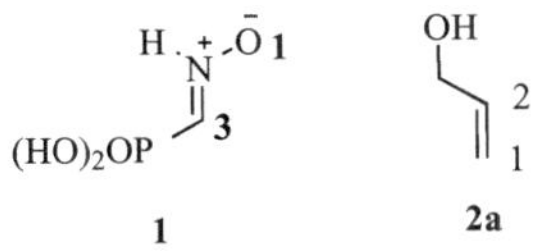

FIG. 4.8 – Numérotation des atomes de **1** et **2a**

TAB. 4.4 – Coefficients atomiques des OMF de la nitrone **1** et l'alcène **2a**

Réactant	HO		BV	
1	O1	C3	O1	C3
	0.36276	-0.00014	-0.00012	-0,00010
2a	C1	C2	C1	C2
	0.28525	0.26538	0.36173	0.00409

TAB. 4.5 – Potentiel électronique chimique μ et indices d'électrophilicité ω

Réactant	HO	BV	μ	ω
1	-0.362	0.072	-0.144	0.024
2a	-0.366	0.175	-0.095	0.008

lieu entre C1 de l'alcène **2a** et C3 de la nitrone **1**, et l'interaction petit-petit aura lieu entre C2 de l'alcène **2a** et O1 de la nitrone **1** (voie *ortho*). Par conséquent, la règle de Houk basée sur le modèle FMO reproduit correctement la régiosélectivité expérimentale.

4.3.1.2 Utilisation des indices de réactivité dérivant de la DFT

La régiosélectivité de cette réaction a été étudiée en utilisant les indices globaux et locaux définies au contexte de DFT [23]. Ces indices sont des outils importants pour comprendre la réactivité des molécules à l'état fondamentale, et pour prédire la sélectivité.

Prédiction du caractère DEN ou DEI

Les valeurs des potentiels électroniques chimiques μ et les indices d'électrophilicités ω des réactifs ont été calculées au moyen des relations suivantes :

$$\mu = \frac{\varepsilon_{HO} + \varepsilon_{BV}}{2} \quad (4.1)$$

$$\omega = \frac{\mu^2}{\varepsilon_{BV} - \varepsilon_{HO}} \quad (4.2)$$

Les résultats obtenus sont regroupés dans le tableau 4.5.

Le tableau 4.5 montre que le potentiel chimique électronique μ de l'alcène **2a** (-0,095 u.a) est supérieur à celui de la nitrone **1** (-0,144 u.a), ce qui montre que le transfert de

CHAPITRE 4. RÉACTION AVEC L'ALCOOL ALLYLIQUE

TAB. 4.6 – Les indices locaux de Fukui et électrophilicité locales de **1** et **2a**.

Réactant	**1**		**2a**	
atome	O1	C3	C1	C2
f^+	0.259	0.143	0.191	0.286
f^-	0.461	0.289	0.277	0.342
ω^+	0.168	0.092	0.042	0.062
ω^-	0.299	0.187	0.060	0.075

charge aura lieu de l'alcool allylique vers la nitrone **1** ; ceci est en accord avec l'analyse OMF. En outre, l'indice global d'électrophilicité de la nitrone **1** (0,024 u.a) est supérieur à celui de l'alcène **2a** (0,008 u.a). Par conséquent la nitrone **1** agira comme un électrophile, alors que l'alcène **2a** agira comme un nucléophile, par conséquent, la réaction possède une demande électronique inverse (DEI).

Les indices locaux

Les indices d'électrophilicité locale ω_k sont facilement obtenus par projection de la quantité globale sur n'importe quel centre atomique k dans la molécule utilisant l'indice de Fukui f. la fonction de Fukui est définie de la manière suivante :
Pour une attaque nucléophile :

$$\omega_k = \omega f_k^+ = \omega[\rho_k(N+1) - \rho_k(N)] \tag{4.3}$$

Pour une attaque électrophile :

$$\omega_k = \omega f_k^- = \omega[\rho_k(N) - \rho_k(N-1)] \tag{4.4}$$

Les valeurs des indices de Fukui f_k et les indices d'électrophilicité locale ω_k sont regroupées au tableau 4.6.

Pour une bonne visualisation on a schématisé ces interactions dans la Figure 4.9. On remarque à partir du Figure 4.9 que l'interaction favorable aura lieu entre les atomes C2 de l'alcène **2a** et O1 de la nitrone **1** permettant la formation du régioisomère *ortho*. Par conséquent, les indices de réactivité dérivant de la DFT prédisent correctement la régiosélectivité *ortho*.

4.3.2 Stéréosélectivité *cis/trans*

La compréhension des structures de transitions permette de prédire la stéréosélectivité de cette réaction. La réaction de cycloaddition dipolaire-1,3 entre la nitrone **1** et l'alcène

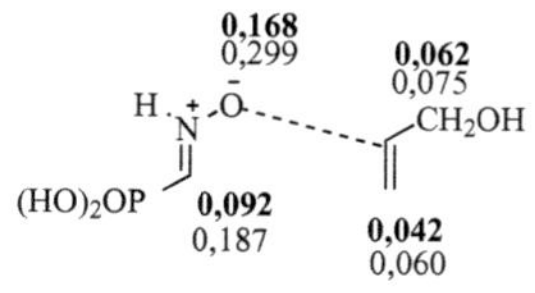

CHAPITRE 4. RÉACTION AVEC L'ALCOOL ALLYLIQUE

```
                0,168
                0,299         0,062
                              0,075
         H     O              CH₂OH
          \  + /   ·········
           N                  ||
  (HO)₂OP  ||   0,092         |
               0,187         0,042
                             0,060
                  1 + 2a
```

FIG. 4.9 – Illustration des interactions favorables utilisant les indices d'électrophilicité locales (ω^+ gras, ω^- normal).

TAB. 4.7 – Les énergies et les énergies relatives des réactants, états de transition, et produits de la réaction entre **1** et **2a**.

Réaction	Système	E(u.a)	ΔE(kcal/mole)
1+2a	Nitrone **1**	-737,508	
	Alcène **2a**	-193,120	
	ST-3-*endo*	-930,607	13,83
	ST-3-*exo*	-930,601	17,87
	ST-4-*endo*	-930,573	35,11
	ST-4-*exo*	-930,590	24,90
	Pt-3-*cis*	-930.674	-27,86
	Pt-3-*trans*	-930,676	-29,00
	Pt-4-*cis*	-930,670	-25,24
	Pt-4-*trans*	-930.672	-27,01

2a peut avoir lieu le long de quatre voie réactives correspondant aux approches *endo* et *exo*, et en deux chemins regioisomériques *ortho* et *méta* (Figure 4.6). Par conséquent, nous étudierons quatre états de transitions et quatre produits. La géométrie des structures de transitions et les longueurs des nouvelles liaisons sont données à la Figure 4.10. Le tableau 4.7 regroupe les énergies E (u. a) et les énergies relatives ΔE (kcal/mole). Les profils énergétiques du chemin réactionnel conduisant à la formation des quatre produits sont illustrés dans la Figure 4.11.

Nous pouvons noter à partir des énergies relatives, que l'approche *ortho-endo* (ST-3-*endo*) est favorisée cinétiquement en comparaison avec les autres approches, en plus le produit Pt-3-*trans* est favorisé thermodynamiquement. La différence d'énergie faible (1,14 kcal/mole) entre Pt-3-*trans* et Pt-3-*cis* peut conduire à la formation d'un mélange de deux diastéréoisomères *cis* et *trans*. Ces résultats confirment les données expérimentales de Piotrowska. Les voies régioisomèriques *méta* sont défavorables cinétiquement et thermodynamiquement ; ces résultats pourraient s'expliquer par l'effet stérique entre le groupe phosphoryle de la nitrone **1** et le groupe CH_2OH de l'alcène **2a**.

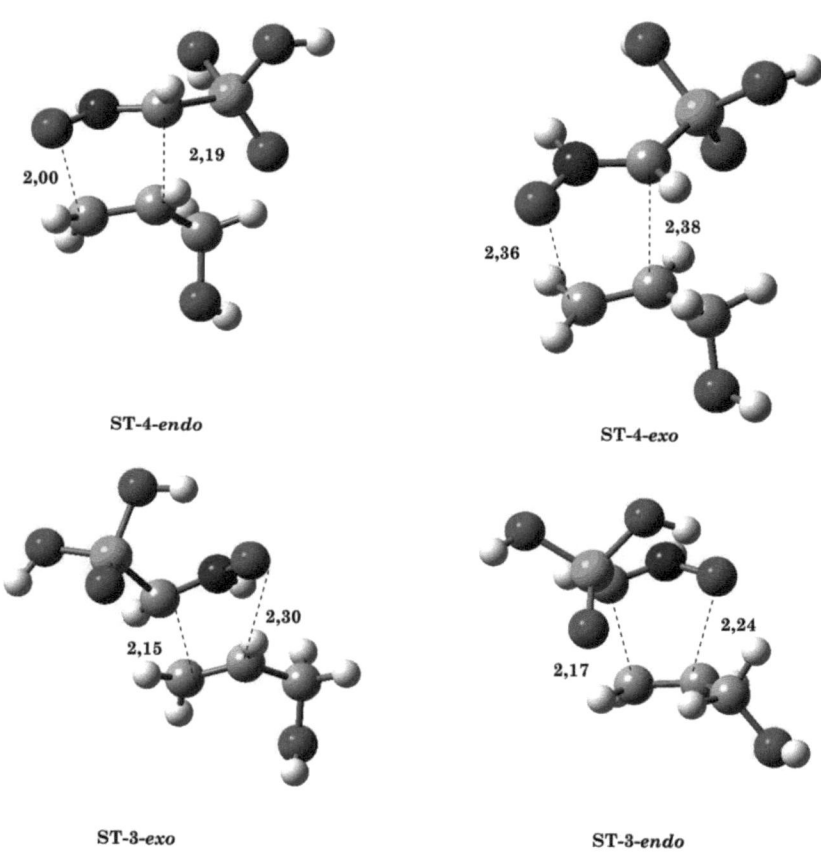

FIG. 4.10 – Structures de transitions de cycloaddition dipolaire-1,3 de la nitrone **1** et alcène **2a**.

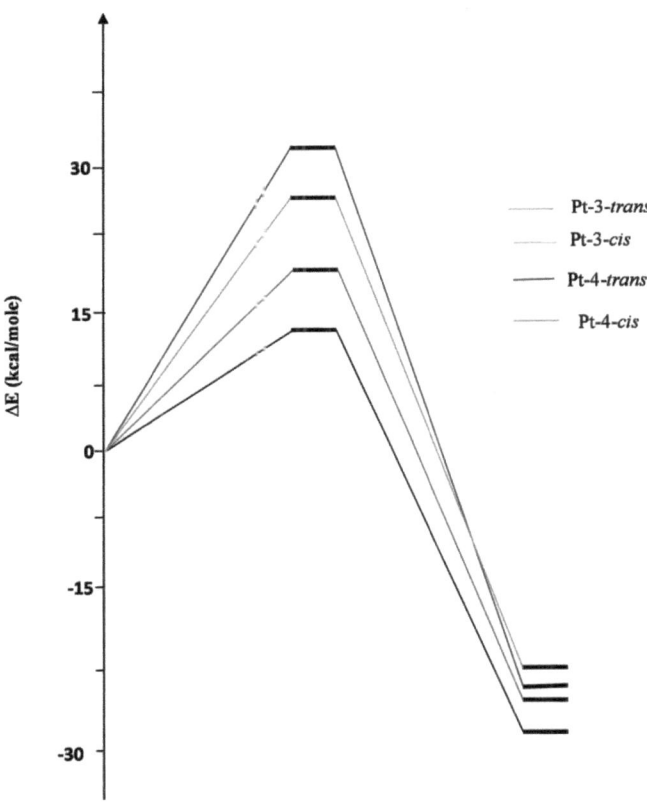

FIG. 4.11 – Profiles énergétiques, en kcal/mole de la réaction de CD-1,3 entre **1** et **2a**.

Chapitre 5

Réaction avec l'acrylate de méthyle

Sommaire

5.1	Géométries des réactifs	68
5.2	Sélectivité	69
	5.2.1 La régiosélectivité *ortho/méta*	69
	5.2.2 Stéréosélectivité *cis/trans*	72

5.1 Géométries des réactifs

La géométrie des deux conformères s-*cis* et s-*trans* (Figure 5.1) ont été optimisés au niveau B3LYP/6-31G (d,p), les énergies (u.a) obtenus sont rassemblées dans le tableau 5.1. Le conformère s-*trans* est plus stable que le s-*cis*, donc on l'a choisi pour mener cette étude.

FIG. 5.1 – Conformères s-*trans* et s-*cis* de l'acrylate de méthyle

La géométrie optimisée de l'acrylate de méthyle (s-*trans*) est donnée dans la Figure 5.2. On remarque que la molécule est plane ; tous ses atomes sont situés dans un plan à l'exception des hydrogènes du groupement méthyle. La longueur de la liaison C4-C6 est 1,48Å ce qui implique que cette liaison à un caractère intermédiaire entre une simple et une double liaison, donc la molécule est stable par conjugaison.

CHAPITRE 5. RÉACTION AVEC L'ACRYLATE DE MÉTHYLE

TAB. 5.1 – Les énergies des conformères s-*trans* et s-*cis* de l'acrylate de méthyle.

Conformère	s-*tans*	s-*cis*
Energie (u.a)	-306,47532	-306,46242
ΔE(kcal/mol)	00	08,0954

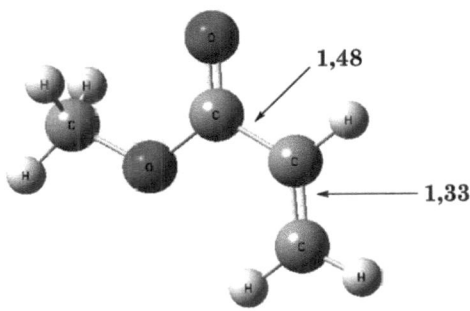

FIG. 5.2 – Géométrie optimisée du conformère s-*trans* de **2b**.

5.2 Sélectivité

On considèrera comme précédemment, les deux voies possibles de réaction *ortho* et *méta* correspondant à la formation des isoxazolidines respectivement substitué en 5 et 4. Les approches *endo* et *exo* de l'alcène à l'isomère E de la nitrone complète l'étude. Par conséquent quatre états de transition conduisent au quatre cycloadduits possibles ont été localisés. La nomenclature utilisée pour définir les points stationnaires est donnée dans la Figure 5.3.

5.2.1 La régiosélectivité *ortho/méta*

5.2.1.1 Analyse des orbitales moléculaires frontières

Les atomes de carbone et d'oxygène ont été numérotés selon la Figure 5.4.

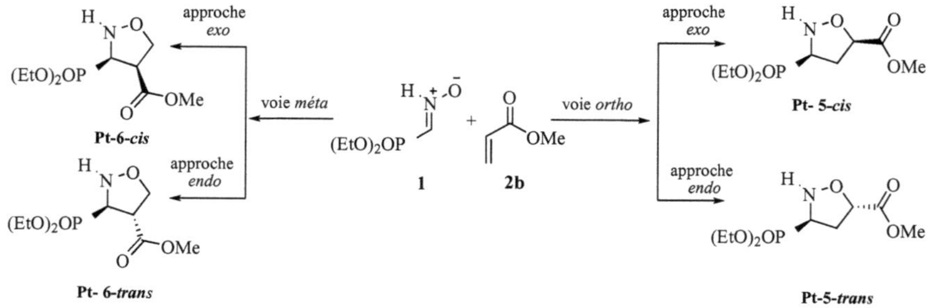

CHAPITRE 5. RÉACTION AVEC L'ACRYLATE DE MÉTHYLE

FIG. 5.3 – Les voies possibles de la réaction de CD-1,3 entre la nitrone **1** et l'alcène **2b**

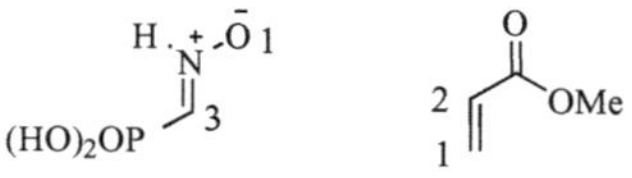

FIG. 5.4 – Numérotation des atomes des réactifs **1** et **2b**

Prédiction du caractère DEN ou DEI

Afin de mettre en évidence le caractère DEN (Demande électronique normale) ou IED (Demande électronique inverse), nous avons calculé les sauts HO-BV pour les deux interactions possibles (Tableau 5.2).

La Figure 5.5 montre une représentation schématique des interactions possibles entre les orbitales moléculaires frontières (HO$_{nitrone}$-BV$_{alcène}$) et (HO$_{alcène}$-BV$_{nitrone}$).

L'analyse OMF montre que l'interaction principale aura lieu entre HO$_{dipôle}$ de la nitrone et BV$_{dipôlarophile}$ de l'alcène **2b** [un caractère DEN]; le groupement attracteur d'électrons diminue l'énergie de BV de 2,91 eV, par contre l'orbitale HO diminue d'une valeur faible (0,37 eV). Par conséquent, la nitrone se comporte comme un nucléophile et l'acrylate de méthyle se comporte comme un électrophile.

Les coefficients des centres atomiques des orbitales moléculaires frontières, sont donnés

TAB. 5.2 – L'écart énergétique entre les deux combinaisons possibles HO/BV

Réaction	DEN	DEI
1+2b	11,72	12,35

CHAPITRE 5. RÉACTION AVEC L'ACRYLATE DE MÉTHYLE

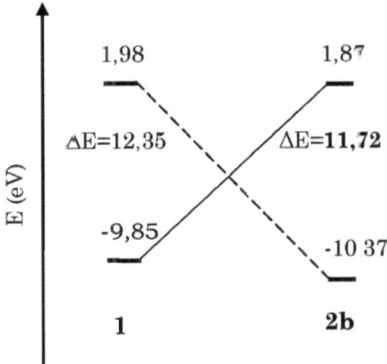

FIG. 5.5 – Représentation schématique des interactions possibles HO/BV de la CD-1,3 entre la nitrone **1** et l'alcène **2b**.

TAB. 5.3 – Coefficients atomiques des OMF de la nitrone **1** et l'alcène **2b**

Réactant	HO		BV	
1	O1	C3	O1	C3
	0.36276	-0.00014	-0.00012	-0,00010
2b	C1	C2	C1	C2
	-0.23147	-0.23311	0.14288	0.53726

au Tableau 5.3.

L'interaction la plus favorisée aura lieu entre O1 de la nitrone et C2 de l'alcène **2b** (grand-grand), et l'interaction petit-petit aura lieu entre C3 de la nitrone et C1 de l'alcène **2b** (voie *ortho*). Par conséquent, la règle de Houk confirme la régiosélectivité expérimentale.

5.2.1.2 Utilisation des indices de réactivité dérivant de la DFT

La régiosélectivité de cette réaction a été analysée utilisant les indices globaux et locaux définies au contexte de DFT. Ces indices sont des outils importants pour comprendre la réactivité des molécules à l'état fondamentale, et pour prédire la régiosélectivité.

TAB. 5.4 – Potentiel électronique chimique μ et indices d'électrophilicité ω

Système	HO	BV	μ	ω
1	-0,362	0,072	-0,144	0,024
2b	-0,381	0,069	-0,156	0,027

TAB. 5.5 – Les indices locaux de Fukui et électrophilicité locales de 1 et 2b.

Réactant	1		2b	
atome	O1	C3	C1	C2
f^+	0,259	0,143	0,088	0,195
f^-	0,461	0,289	0,114	0,278
ω^+	0,168	0,092	0,064	0,146
ω^-	0,299	0,187	0,085	0,209

Prédiction du caractère DEN ou DEI

Les valeurs des potentiels électroniques μ et des indices d'électrophilicités ω des réactifs **1** et **2b** sont regroupés dans le Tableau 5.4.
Le potentiel électronique chimique μ de l'alcène **2b** (-0,156 u.a) est inférieur à celui de la nitrone **1** (-0,144 u.a), ceci indique que le transfert de charge aura lieu à partir de la nitrone vers l'alcène **2b**, ce résultat est en accord avec l'analyse OMF. En plus, l'électrophilicité globale ω de l'alcène **2b** (-0,027 u.a) est plus grande que celle de la nitrone **1** (0,024 u.a). Ainsi, la nitrone **1** se comporte comme un nucléophile et l'alcène **2b** se comporte comme un électrophile, donc la réaction entre la nitrone **1** et l'alcène **2b** possède un caractère DEN.

Les indices locaux

Le Tableau 5.5 regroupe les valeurs des indices de Fukui f_k et les indices d'électrophilicité locale ω_k. Pour une bonne visualisation on a schématisé cette interaction dans la Figure 5.6.
On note à partir du tableau 5.5 que l'interaction la plus favorable aura lieu entre O1 de la nitrone **1** et C2 de l'alcène **2b** (voie *ortho*). Ces résultats sont en agreement avec les données expérimentales pour lesquelles seule le régioisomère *ortho* a été obtenu.

5.2.2 Stéréosélectivité *cis/trans*

L'étude de la stéréosélectivité *cis/trans* a été réalisée par comparaison entre les énergies d'activation des états de transition possibles ; pour déterminer le produit for-

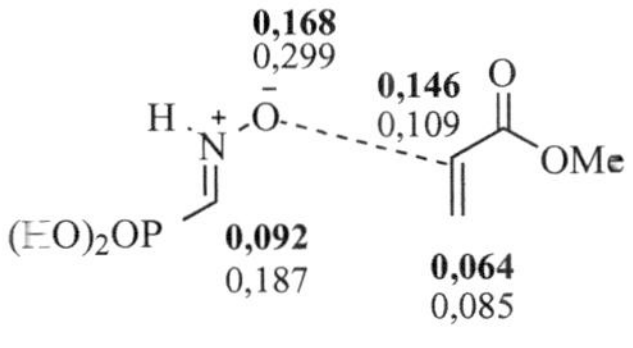

CHAPITRE 5. RÉACTION AVEC L'ACRYLATE DE MÉTHYLE

```
                    0,168
                    0,299
                          0,146   O
           H   O          0,109
            N              
                          OMe
    (HO)₂OP   0,092
               0,187      0,064
                          0,085
```

1 + 2b

FIG. 5.6 – Illustration des interactions favorables utilisant les indices d'électrophilicité locales (ω^+ gras, ω^- normal)

TAB. 5.6 – Les énergies et les énergies relatives des réactants, états de transition, et produits de la réaction entre **1** et **2b**

Réaction	Système	E(u.a)	ΔE(kcal/mole)
1+2b	Nitrone **1**	-737,508	
	Alcène **2b**	-231.243	
	ST-5-*endo*	-1043.957	16.56
	ST-5-*exo*	-1043.954	18,75
	ST-6-*endo*	-1043.956	17,61
	ST-6-*exo*	-1043.957	16,99
	Pt-5-*cis*	-1044.019	-21,80
	Pt-5-*trans*	-1044.019	-22,22
	Pt-6-*cis*	-1044.002	-11,22
	Pt-6-*trans*	-1044.010	-16,37

mait rapidement (produit cinétique), et d'autre coté comparaison entre les énergies des produits ; pour déterminer le produit le plus stable (produit thermodynamique).

La réaction de cycloaddition dipolaire-1,3 entre la nitrone **1** et l'alcène **2b** peut avoir lieu le long de quatre voie réactives correspondant aux approches *endo* et *exo*, et en deux chemins regioisomériques *ortho* et *méta* (Figure 5.3). Par conséquent, nous étudierons quatre états de transitions et quatre produits. La géométrie des structures de transitions et les longueurs des nouvelles liaisons sont données dans la Figure 5.7.

Le Tableau 5.6 regroupe les énergies E (u. a) et les énergies relatives ΔE (kcal/mole).

Les profils énergétiques du chemin réactionnel conduisant à la formation des quatre produits sont illustrés dans la Figure 5.8.

L'analyse des énergies relatives indique que l'énergie d'activation de l'approche *ortho*-

endo (TS-5-*endo*) est faible (16,65 kcal/mole), ce qui est favorise la formation du produit Pt-5-*trans* comme un produit cinétique. Cette préférence est expliquée par l'interaction π secondaire de l'orbitale Pz de l'atome d'azote de la nitrone avec l'orbitale P_Z vicinale de l'alcène **2b** (voir Figure 5.9).

Les voies régioisomèriques *méta* sont défavorables ; due à l'encombrement stérique entre le groupe phosphoryle de la nitrone **1** et le groupe acyle de l'alcène **2b**. En plus, dans l'approche *endo* (TS-6-*endo*), il y a des interactions défavorables entre les atomes d'oxygène du groupement phosphoryle de la nitrone **1** et l'atome d'oxygène du groupement ester de l'alcène **2b** (Figue 5.10). La distance entre les deux oxygènes est 2,67Å.

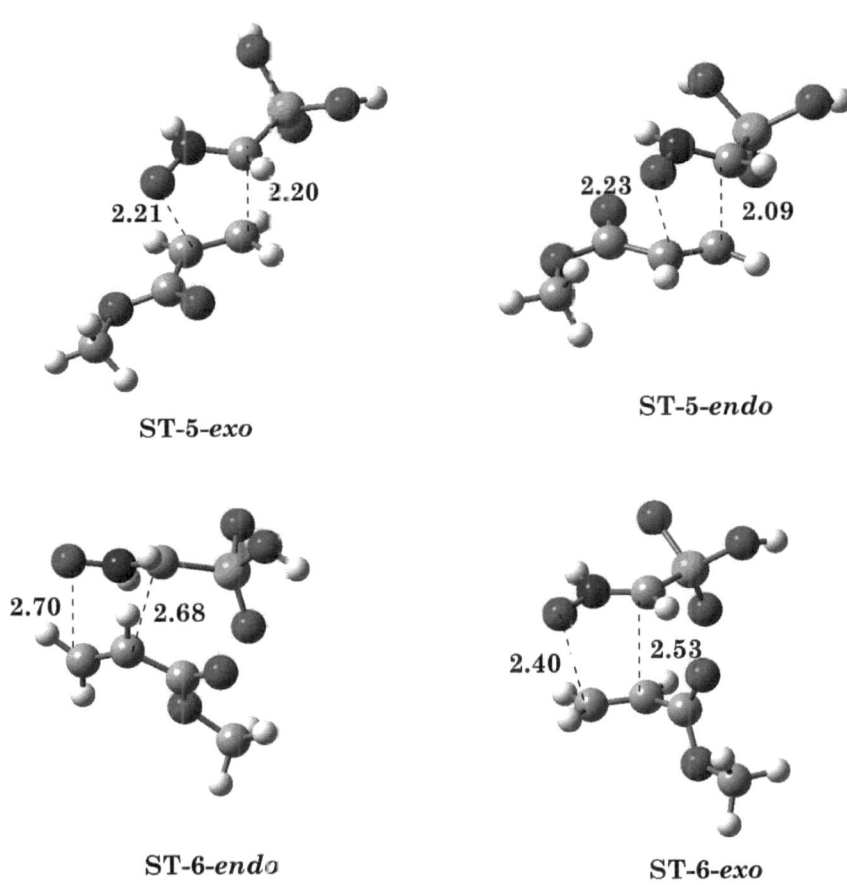

FIG. 5.7 – Structures de transitions de CD-1,3 entre la nitrone **1** et alcène **2b**

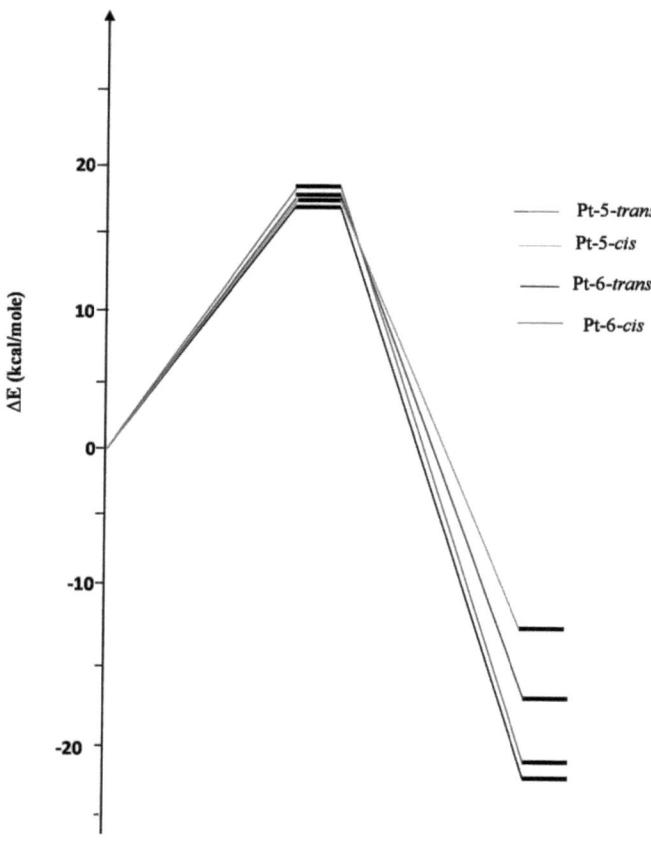

FIG. 5.8 – Profiles énergétiques, en kcal/mole de la réaction de CD-1,3 entre **1** et **2b**

CHAPITRE 5. RÉACTION AVEC L'ACRYLATE DE MÉTHYLE

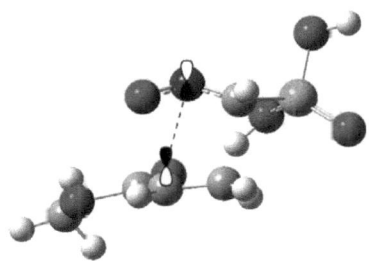

FIG. 5.9 – Interaction entre les orbitales P_Z secondaires dans ST-5-*endo*

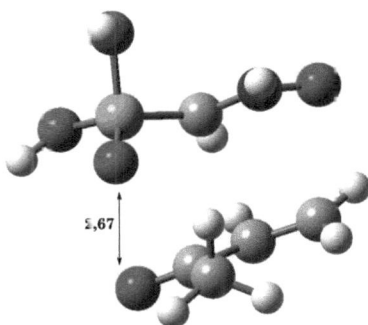

FIG 5.10 – Interaction entre les atomes d'oxygène dans ST-6-*endo*

Conclusion

Conclusion

Dans cette partie, la régiosélectivité et la stéréosélectivité de la réaction de cycloaddition dipolaire-1,3 entre la C-diéthoxyphosphoryl-N-méyhylnitrone avec des alcènes diversement substitués ont éte etudiés utilisant la méthode DFT au niveau B3LYP/6-31G (d,p).

Les calculs théoriques sont en accord avec les résultats expérimentaux. En effet La régiosélectivité (voie *ortho*/*méta*) de cette réaction peut être contrôlée par les coefficients des orbitales moléculaires frontières ; nous avons trouvé que l'interaction la plus favorable conduit à la formation du régioisomère *ortho* dans les deux réactions, les modèles théoriques basés sur les indices de réactivité dérivant de la DFT conceptuelle prédisent également de manière correcte la régiosélectivité de ces réactions de CD-1,3.

La comparaison entre les energies des états de transition et des cycloadduits indique une stéréosélectivité *endo* élevée pour les deux cycloadditions conduisant à la formation du produit Pt-3-*trans* dans la réaction entre la nitrone **1** et l'alcène **2a**. Dans la réaction entre la nitrone **1** et l'alcène **2b** la formation du produit Pt-5-*trans* est favorisé thermodynamiquement et cinétiquement, cette préférence est due à la stabilisation par l'interaction des orbitales π secondaires dans l'approche *ortho-endo* (TS-5-*endo*). Ces résultats sont en bon accord avec les observations expérimentales.

Conclusion générale

Conclusion générale

Dans ce travail, on a pu étudié théoriquement la régiosélectivité et la stéréosélectivité observées expérimentalement dans la réaction de cycloaddition dipolaire-1,3 entre la C-diéthoxyphosphoryl-N-méthylnitrone et des alcènes diversement substitués. Pour cela on a utilisé les méthodes de la modélisation moléculaire basés sur la théorie de la fonctionnelle de la densité (DFT). Les résultats obtenus au cours de nos calculs sont globalement conformant avec les données expérimentales.

La régiosélectivité a été étudiée utilisant deux modèles théoriques :

- La règle de Houk basée sur la théorie OMF (interaction des orbitales moléculaires frontières), les calculs des écarts énergétiques HO/BV pour la détermination des caractères DEN ou DEI, puis relier les centres atomiques réactifs selon les coefficients des OMF (grand-grand et petit-petit).
- Les indices de réactivité dérivant de la DFT conceptuelle à savoir les indices globaux (potentiel électronique chimique μ, et indice d'électrophilicité ω) pour prédire le caractère DEN ou DEI des réactions étudiées, et les indices locaux (indices de Fukui $f^{\pm}$ et indices d'électrophilicité locale $\omega^{\pm}$) pour relier les centres atomiques électrophiles par les centres atomiques nucléophiles.

La stéréosélectivité a été étudiée en utilisant le calcul des barrières d'activation pour toutes les voies possibles de cyclisation à savoir : voie *ortho* ou *méta*, et approche *endo* ou *exo*, et aussi par calculs de la différence d'énergie entre les produits formés c'est-à-dire déterminer les produits favorisés cinétiquement et les produits favorisés thermodynamiquement.

Concernant, la régiosélectivité :

Dans la réaction de la nitrone **1** avec l'alcool allylique **2a**, l'analyse OMF montre que la réaction est de caractère DEI, dont l'alcène **2a** est le nucléophile et la nitrone **1** est l'électrophile, la règle de Houk interprète correctement la régiosélectivité *ortho* ; l'oxygène de la nitrone se reliera avec le carbone substitué de l'alcène aboutira à l'isoxazolidine 5-substitué. L'utilisation des indices de réactivité dérivant de la DFT conduit aux mêmes résultats.

Dans la réaction de la nitrone **1** avec l'acrylate de méthyle **2b** l'analyse OMF montre que la réaction est de caractère DEN, la règle de Houk confirme la régiosélectivité *ortho*, ce résultat a été aussi confirmé par l'utilisation des indices de réactivité dérivant de la DFT conceptuelle. On conclut que le changement de la nature électronique du substituant ($CH_2OH \rightarrow CO_2Me$) peut inverser le caractère électronique de la réaction (DEI $\rightarrow$ DEN) sans changer la régiosélectivité *ortho*.

Concernant la stéréosélectivité : la stéréosélectivité *trans/cis* a été prédit par le calcul des barrières d'activation et comparaison entre les énergies des produits formés.

Pour la réaction entre la nitrone **1** et l'alcène **2a**, l'approche des deux espèces s'effectue majoritairement de façon *endo* en conduisant au mélange des deux cycloadduits bien que le produit Pt-3- *trans* soit thermodynamiquement le plus stable, l'obtention d'un mélange est expliquée par la différence d'énergie faible entre les deux diastérioisomères.

Pour la réaction entre la nitrone **1** et l'alcène **2b**, l'obtention du produit Pt-5-*trans* qui est issue d'une approche *endo* est expliqué par l'absence des interactions défavorables à l'état de transition, en plus il y a des interactions stabilisantes entre les orbitales π secondaires à l'état de transition.
On conclut que le stéréosélectivité *endo/exo* de ces réactions est gouvernée par les effets stérique et les interactions secondaire (électrostatique et orbitales π) à l'état de transition.

Notre étude fut la première qui a analysé les réactions de cycloaddition dipolaire-1,3 des nitrones phosphorylée avec des alcènes diversement substitués. Nous espérons que les résultats obtenus peuvent être utiles pour les expérimentateurs pour la synthèse des molécules qui ont une activité biologique désirée.

Dans le prochain travail on va étudier théoriquement la nature du mécanisme de ces réactions, l'effet du solvant sur la sélectivité de ces réactions de cycloaddition.

Bibliographie

Bibliographie

[1] Y. Moreau. PhD thesis, Université Nancy-I, France, 2005.

[2] P. Comba.; T. W. Hambley.; B. Martin. *Molecular Modeling of Inorganic Compounds*. WILEY-VCH Verlag GmbH and Co. KGaA, Weinheim, 2009.

[3] M. Santelli.; J. M. Pons. *Lewis Acids and Selectivity in Organic Synthesis*. CRC Press, Boca Raton, 1996.

[4] A. Padwa. *1,3-Dipolar Cycloaddition Chemistry*. Wiley : New York, 1984.

[5] K. V. Gothelf.; K. A. Jørgensen. *Chem. Rev*, 98 :863–909, 1998.

[6] M. P. Sadashiva.; H. Mallesha.; N. A. Hitesh.; K. S. Rangappa. *Bioorg. Med. Chem*, 12 :6389–6395, 2004.

[7] K. R. Ravi Kumar.; H. Mallesha.; M. P. Basappa.; K. S. Rangappa. *Eur. J. Med. Chem*, 38 :613–619, 2003.

[8] P. Vallance.; H. D. Bush.; B. J. Mok.; R. Hurtado-Guerrero.; H. Gill.; S. Rossiter.; J. D. Wil den.; S. Caddick. *Chem. Commun*, pages 5563–5565, 2005.

[9] P. Ding.; M.J. Miller.; Y. Chen.; P. Helquist.; A. J. Oliver.; O. Wiest. *Org. Lett*, 6 :7805–1808, 2004.

[10] A. Procopio.; S. Alcaro.; A. De Nino.; L. Maiuolo.; F. Ortuso.;G. Sindona. *Bioorg. Med. Chem. Lett*, 15 :545–550, 2005.

[11] U. Chiacchio.; F. Genovese.; D. Iannazzo.; A. Piperno.; P. Quadrelli.; C. Antonio.; R. Romeo.; V. Valveri.; A. Mastino. *Bioorg. Med. Chem*, 12 :3903–3909., 2004.

[12] A. Padwa.; W. H. Pearson. *Synthetic applications of 1,3-Dipolar Cycloaddition Chemistry Toward Heterocycles and Naturel products*. Wiley : New York, NY, 2002.

[13] M. Frederickson. *Tetrahedron*, 53 :403–425, 1997.

[14] V. P. Kukhar.; H. P. Hudson. *Aminophosphonic and aminophosphinic Acids. Chemistry and Biological Activity*. Eds.; Wiley : New York, NY, 1999.

[15] B. Lejczak.;P. Kafarski. *Biological Activity of Aminophosphonic Acids and Their Short Peptides*, volume 20. Springer-Verlag Berlin Heidelberg, 2009.

BIBLIOGRAPHIE

[16] A. Padwa. *Synthetic Applications of 1,3 Dipolar Cycloaddition Chemistry To ward Heterocycles and Natural Products*. Eds.; Wiley Sons : Hoboken, NJ, 2003.

[17] P. Merino. *Science of Synthesis*, volume 27. Ed.; George Thieme : New York, NY, 2004.

[18] D. G. Piotrowska. *Tetrahedron Lett*, 47 :5363–5366, 2006.

[19] D. G. Piotrowska. *Tetrahedron*, 62 :12306–12317, 2006.

[20] I. Fleming. *Frontier Orbitals and Organic Chemical Reactions*. J. Wiley Sons, New York, 1975.

[21] H. Eyring.; M. Polanyi. *Phys, Chem*, 12 :279, 1931.

[22] H. Eyring. *J. Chem.Phys*, 3 :107, 1935.

[23] R. G. Pearson. *Inorg. Chem*, 27 :734, 1988.

[24] M. Nogradi. *Stereoselective Synthesis*. VCH : Weinheim, 1995.

[25] R. B. Woodward.; R. Hoffmann. *The Conservation of Orbital Symmetry*. Verlag Chemie, Weinheim, 1970.

[26] R. B. Woodward.; R. Hoffmann. *J. Am. Chem. Soc*, 85 :395, 1965.

[27] M. A. Silva.; J. M. Goodman. *Tetrahedron*, 56 :3667–3671, 2002.

[28] C. Di Valentin.; M. Freccero.; R. Gandolfi.; A. Rastelli. *J. Org. Chem*, 65 :6112–6120, 2000.

[29] T. Curtius. *Ber. Dtsch. Chem. Ges*, 16 :2230, 1883.

[30] E. Buchner. *Ber. Dtsch. Chem. Ges*, 21 :2637, 1888.

[31] E. Buchner.; M. Fritsch ; A. Papoendieck.; H. Witter. *Liebigs Ann. Chem*, 14 :273, 1893.

[32] E. Bechmann. *Ber. Dtsch. Chem. Ges*, 23 :3331, 1890.

[33] O. Diels.; K. Alder. *Liebigs Ann. Chem*, 98 :460, 1928.

[34] E. K. Rideal. *Ozone*. Constable and Co. LTD : London, 1920.

[35] D. S. Wolfman.; G. Linstrumelle.; C. F. Cooper. *The Chemistry of Diazonium and Diazo Groups*. John Wiley and Sons : New York, 1978.

[36] R. Huisgen. *Angew. Chem*, 75 :604, 1963.

[37] K. N. Houk.; J. Sims.; R. E. Duke.; R. W. Strozier.; J. K. George. *J. Am. Chem. Soc*, 95 :7287, 1973.

[38] K. N. Houk. J. Sims. C. R. Watts.; L. J. Luskus. *J. Am. Chem. Soc*, 65 :7301, 1973.

[39] P. A. Wade. *In Comprehensive Organic Synthesis*, volume 4. B. M. Trost. ;I. Flemming., Eds. ; Pergamon Press : Oxford, 1991.

[40] K. B.G. Torssell. *Nitrile Oxides, Nitrones and Nitronates in Organic Synthesis*. VCH, Weinheim, 1988.

[41] J. J. Tufariello. *In 1,3-Dipolar Cycloaddition Chemistry*. Padwa, A. (Ed.),Wiley, New York, 1984.

[42] J. W. Lown. *In 1,3-Dipolar Cycloaddition Chemistry*. Padwa, A. (Ed.), Wiley, New York, 1984.

[43] A. Padwa. *In Comprehensive Organic Synthesis*, volume 4. Trost, B. M., Flemming, I., Eds. ; Pergamon Press : Oxford, 1991.

[44] R. Sustmann. *Pure. Appl. Chem*, 40 :569, 1974.

[45] R. Sustmann. *Tetrahedron Lett*, page 2717, 1971.

[46] R. Huisgen. *In 1,3-Dipolar Cycloaddition Chemistry*, volume 1. Padwa, A., Ed. ; Wiley : New York, 1984.

[47] K. N. Houk. ; K. Yamaguchi. *In 1,3-Dipolar Cycloaddition Chemistry*, volume 2. Padwa, A., Ed. ; Wiley : New York, 1984.

[48] R. A. Firestone. *J. Chem. Soc.*, A :1570, 1970.

[49] R. A. Firestone. *J. Org. Chem*, 37 :2181, 1972.

[50] R. A. Firestone. *J. Org. Chem*, 33 :2285, 1968.

[51] P. Pfeiffer. *Annalen*, 72 :411, 1916.

[52] L. I. Smith. *Chem. Rev*, 23 :193, 1938.

[53] J. Hamerand. ; A. Macaluso. *Chem. Rev*, 64 :473, 1964.

[54] J. J. Tufariello. *Acc. Chem. Res*, 12 :396, 1979.

[55] P. N. Confalone. ; E. M. Huie. *Org. React*, 36 :1, 1988.

[56] S. Kobayashi and K. A. Jorgensen. *Cycloaddition Reactions in Organic Synthesis*. Wiley-VCH Verlag GmbH, 2001.

[57] E. C. Magnuson. ; J. Pranata. *J. Comput. Chem*, 19 :1795–1804, 1998.

[58] K. Marakchi. ; O. Kabbaj. ; N. Komiha. ; R. Jalal. ; M. Esseffar. *Journal of Molecular Structure (TheoChem)*, 620 :271–281, 2003.

[59] O. K. Kabbaj. ; N. Komiha K. Marakchi. *Journal of Fluorine Chemistry*, 114 :81–89, 2002.

[60] F. P. Cossio. ; I. Marao. ; H. ; Jiao. ; P. Schleyer. *J. Am. Chem. Soc*, 121 :6737–6746, 1999.

[61] A. Rastelli.; R. Gandolf.; M. Sarzi-Amande.; B. Carboni. *J. Org. Chem*, 66 :2449–2458, 2001.

[62] K. B. Jensen ; R. G. Hazell.; K. A. Jørgensen. *J. Org. Chem*, 64 :2353, 1999.

[63] U. Chiacchio ; G. Gumina.; A. Rescifina.; R. Romeo ; N. Uccella.; F. Casuscelli.; A. Piperno.; G. Romeo. *Tetrahedron*, 52 :8889, 1996.

[64] O. Tamura.; N. Mita. Y. Imai.; T. Nishimura.; T. Kiyotani.; M. Yamasaki.; M. Shiro.; N. Morita.; I. Okamoto.; T. Takeya.; H. Ishibashi ; M. Sakamoto. *Tetrahedron*, 62 :12227, 2006.

[65] G.; Cooper C. F Wolfman, D. S.; Linstrumelle. *The Chemistry of Diazonium and Diazo Groups*. John Wiley and Sons : New York, 1978.

[66] P. Merino.; J. Revuelta.; T. Tejero.; U. Chiacchio.; A. Resci°na.; G. Romeo. *Tetrahedron*, 59 :3581–3592, 2003.

[67] T. Gefflaut.; U. Bauer.; K. Airola.; A.M.P. Koskinen. *Tetrahedron :Asymmetry*, 7 :3099–3102, 1996.

[68] ; K. Kasahara.; C. Kibayashi H. Iida. *J. Am. Chem. Soc*, 108 :4647–4648, 1986.

[69] P. Merino.; J. Revuelta ; T. Tejero.; U. Chiacchio.; A. Resci?na.; A. Piperno.; G. Romeo. *Tetrahedron :Asymmetry*, 13 :167–172, 2002.

[70] D. Feng.; Z. Cai X. Sun.; M. Wang.; P. Liu.; W. Bian. *Journal of Molecular Structure (Theochem)*, 679 :73–87, 2004.

[71] P. Bayon.; P. de March.; M. Figueredo.; J. Font. *Tetrahedron*, 54, 1998.

[72] U. Chiacchio.; A. Liguori.; G. Romeo.; G. Sindona.; N. Uccella. *Tetrahedron*, 48 :9473, 1992.

[73] L. R. Domingo. *Eur. J Org. Chem*, pages 2273–2284, 2000.

[74] G. Wagner.; T. N. Danks.; B. Desai. *Tetrahedron*, 64 :477–486, 2008.

[75] H. A. Jiménez-Vázquez.; L. G. Zepeda.; Joaquín Tamariz R. Herrera.; A. Nagarajan.; M. A. Morales. F. Méndez. *J. Org. Chem*, 66 :1252–1263, 2001.

[76] P. Merino.; T. Tejero ; U. Chiacchiou.; G. Romeo.; A. Rescifina. *Tetrahedron*, 63 :1448–1458, 2007.

[77] L. R. Domingo.; W. Benchouk.; S. M. Mekeleche. *Tetrahedron*, 63 :4464–4471, 2007.

[78] N. Katagiri. A. Kurimoto.; A. Yamada.; H. Sato.; T. Katsuhara.; K. Takagi.; C. Kaneko. *J. Chem. Soc. Chem.Commun*, page 281, 1994.

[79] O. Tamura.; K. Gotanda.; R. Terashima.; M. Kikuchi.; T. Miyawaki.; M. Sakamoto. *Chem. Commun*, page 1861, 1996.

[80] O. Tamura. ; K. Gotanda. ; J. Yoshino. ; Y. Morita. ; R. Terashima. ; M. Kikuchi. ; T. Miyawaki. ; N. Mita. ; M. Yamashita. ; H. Ishibashi. ; M. Sakamoto. *J. Org. Chem*, 65 :8544, 2000.

[81] S. K. A. Ali. ; J. H. Khan. ; M. I. M. Wazeer. *Tetrahedron*, 44 :5911, 1988.

[82] C. Chevrier. ; A. Defoin. *Synthesis*, 8 :1221, 2003.

[83] S. Stecko. ; K. Pasniczek. ; M. Jurczak. ; Z. Urbanczyk-Lipkowska. ; M. Chmielewski. *Tetrahedron :Asymmetry*, 17 :68–79, 2006.

[84] S. Stecko. ; K. Pasniczek. ; M. Jurczak. ; Z. Urbanczyk-Lipkowska. ; M. Chmielewski. *Tetrahedron :Asymmetry*, 18 :1085–1093, 2007.

[85] D. Socha. ; M. Jurczak. ; M. Chmielewski. *Carbohydr.Res*, 336 :315–318, 2001.

[86] D. Socha. ; M. Jurczak. ; J. Frelek. ; A. Klimek. ; J. Rabiczko. ; Z. Urbanczyk-Lipkowska. ; K. Suwinska. ; M. Chmielewski. ; F. Cardona. ; A. Goti. ; A. Brandi. *Tetrahedron :Asymmetry*, 12 :3163–3172, 2001.

[87] P. Cid. ; P. de March. ; M. Figueredo. ; J. Font. ; S. Milan. *Tetrahedron Lett*, 33 :667–670, 1992.

[88] C. Kouklovsky. ; O. Dirat. ; T. Berranger. ; Y. Langlois. ; M. E. Tam-Huu-Dau. ; C. Riche. *J. Org. Chem*, 63 :5123–5128, 1998.

[89] M. Carda. ; R. Portolés. ; J. Murga. ; S. Uriel. ; J. A. Marco. ; L. R. Domingo. ; R. J. Zaragozá. ; H. Röper. *J. Org. Chem*, 65 :7000–7009, 2000.

[90] Y. H. Sheng. ; D. C. Fang. ; Y. D. Wu. ; X. Y. Fu. ; Y. Jiang. *Journal of Molecular Structure (Theochem)*, 467 :31–36, 1999.

[91] S. Stecko. ; J. Frelek. ; M. Chmielewski. *Tetrahedron : Asymmetry*, 20 :1778–1790, 2009.

[92] F. Jensen. *Introduction to Computational Chemistry*. Wiley-VCH, New York, 2001.

[93] E. Schrödinger. *Ann Physik*, 79 :361, 1926.

[94] M. Born. ; J. R. Oppenheimer. *Ann Physik*, 74 :457, 1927.

[95] D. R. Hartree. *Proc. Cambridge Phil. Soc*, 24 :98, 1928.

[96] W.Z. Pauli. *Ann. Physik*, 31 :765, 1925.

[97] V. Fock. *Physik*, 61 :126, 1930.

[98] J.C. Slater. *Phys. Rev*, 36 :57, 1929.

[99] A. Szabo. ; N. S. Ostlund. *Modern Quantum Chemistry*. Mc Graw-Hill, 1982.

[100] C.C. Roothaan. *Rev. Mod. Phys*, 21 :69, 1951.

[101] G.G. Hall. *Proc. R. Soc*, 205(A), 1951.

[102] I. Shavitt. *In Methods of Electronic Structure Theory*. H. F. Shaefer, Ed Plenum Press, New York, 1977

[103] A. Julg. *Chimie Quantique Structurale et Eléments de Spectroscopie Théorique*. 1978.

[104] C. Møller.; M.S. Plesset. *Phys. Rev*, 46 :618, 1934.

[105] S. F. Boys. *Proc. Roy. Soc*, 200(A), 1950.

[106] W. Kohn.; L. J. Sham. *Phys. Rev*, 140(A) :1133, 1965.

[107] J.C. Slater. *The Self-consistent field for Molecules and Solids : Quantum Theory of Molecules and Solids*. Mc Graw Hill New York, 1974.

[108] J. C. Slater. *J. Chem. Phys*, 36 :57, 1930.

[109] S. Huzinaga. *J. Chem. Phys*, 42 :1293, 1965.

[110] T. H. Dunning. *J. Chem. Phys*, 55 :716, 1971.

[111] J. A. Pople.; M. Head-Gordon.; D. J. Fox.; K. Raghavachari.; L. A. Curtiss. *J Chem Phys*, 90 :5622, 1989.

[112] S. Arrhenius. *Z. Physik*, 4 :228, 1889.

[113] K. Fukui.; T. Yonezawa.; H. Shingu. *J. Chem. Phys*, 22 :722, 1952.

[114] K. Fukui.; T. Yonezawa.;C. Nagata.; H. Shingu. *J. Chem. Phys*, 22 :1433, 1954.

[115] R. G. Pearson. *Hard and Soft acid and Bases*. Dowden, Hutchinson and Ross : Stroudenburry, PA, 1973.

[116] K. N. Houk. *Acc. Chem. Res*, 8 :361, 1975.

[117] N. D. Epiotis. *J. Am. Chem. Soc.*, 95 :5624, 1973.

[118] P. Hohenberg.; W. Kohn. *Phys. Rev*, 136(B) :864, 1960.

[119] R. P. Iczkowski.; J. L. Margave. *J. Am. Chem. Soc*, 83 :3457, 1961.

[120] R. G. Parr.; W. Wang. *Density Theory for atoms and Molecules*. University Press : Oxford, 1989.

[121] R. G. Parr.; R. G. Pearson. *J. Am. Chem. Soc*, 105 :1503, 1993.

[122] R. G. Pearson. *J. Am. Chem. Soc*, 105 :7512, 1983.

[123] R. G. Parr.; L. V .Szentpaly.; S. Liu. *J. Am.Chem. Soc*, 21 :1922, 1999.

[124] R. G. Parr.; W. Yang. *J. Am. Chem. Soc*, 106 :4049, 1984.

[125] W. Yang.; W. J. Mortier. *J. Am. Chem. Soc*, 108 :5708, 1986.

[126] W. Yang.; R. G. Parr. *Proc. Natl. Acad. Sci*, 82 :6723, 1985.

[127] C. Lee.; R. G. Parr.; W. Yang. *Phys. Rev*, 37(B) :785, 1988.

[128] A. D. Becke. *Phys. Rev*, 38(B) :3098, 1988.

[129] A. D. Becke. *J. Chem. Phys*, 98 :1372, 1993.

[130] M. J. Frisch et al. *Gaussian 03, Revision D.01*. Gaussian, Inc., Wallingford CT, 2004.

[131] A. E. Reed. ; F. Weinhold. *J. Chem. Phys*, 78 :4066, 1983.

Annexe

Méthodes de calcul

Choix de la méthode à utiliser pour la modélisation

L'évolution du systeme moléculaire a été étudiée en utilisant la méthode DFT avec la fonctionnelle hybride (B3LYP) et la base double ζ 6-31G(d,p) [127, 128, 129] à l'aide du logiciel de modélisation GAUSSIAN 03 [130] Des fonctions de polarisation ont été incluses dans la base du fait de la nécessité de décrire correctement des liaisons hydrogènes et les interactions de Van der waals.

Tous les systèmes réactionnels ont été étudiés par optimisation de l'état de transition à travers l'option QST3 dans le programme GAUSSIAN. L'existence de l'état de transition a été confirmée par la présence d'une seule fréquence imaginaire. Les géométries des molécules neutres ont été maintenues constantes pour les systèmes cationiques et anioniques utilisés pour le calcul des fonctions de Fukui condensées $f_k^{\pm}$. Les populations électroniques atomiques ont été calculées en utilisant l'analyse de population naturelle (APN) [131].

Procédure de calcul

la procédure de calcul a été effectué selon la Figure 5.11

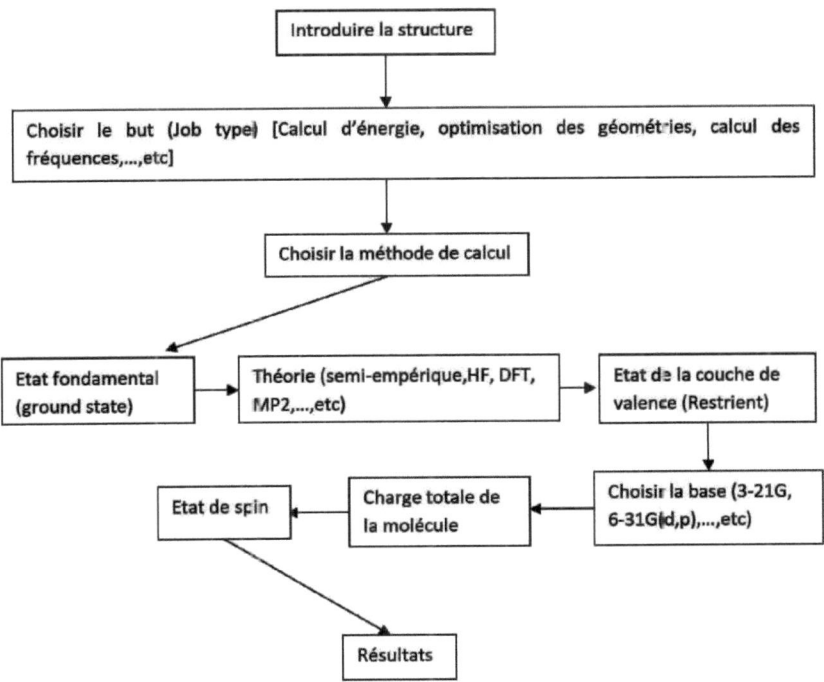

FIG. 5.11 – procédure de calcul

Article

A theoretical investigation of the regio- and stereoselectivities of the 1,3-dipolar cycloaddition of C-diethoxyphosphoryl-N-methylnitrone with substituted alkenes

Abdelmalek Khorief Nacereddine*, Wassila Yahia, Samir Bouacha, Abdelhafid Djerourou

Laboratoire de Synthèse et Biocatalyse Organique, Département de Chimie, Faculté des Sciences, Université Badji Mokhtar Annaba, BP 12, 23000 Annaba, Algeria

ARTICLE INFO

Article history:
Received 15 December 2009
Revised 25 February 2010
Accepted 5 March 2010
Available online 11 March 2010

Keywords:
1,3-Dipolar cycloaddition
Regioselectivity
Stereoselectivity
DFT calculations
FMO analysis

ABSTRACT

A theoretical study of the regio- and stereoselectivities of the 1,3-dipolar cycloaddition of C-diethoxyphosphoryl-N-methylnitrone with substituted alkenes (allyl alcohol and methyl acrylate) is carried out using DFT at the B3LYP/6-31G(d,p) level of theory. The FMO analysis and DFT-based reactivity indices confirmed the experimental ortho regioisomeric pathway. Potential energy surface analysis shows that these 1,3-dipolar cycloaddition reactions favor the formation of the ortho-trans cycloadduct in both cases. The obtained results are in agreement with experimental data.

© 2010 Elsevier Ltd. All rights reserved.

1,3-Dipolar cycloadditions (1,3-DCs) are important processes in synthetic chemistry and are widely used for obtaining five-membered heterocyclic compounds.[1] Reactions between nitrones and alkenes leading to isoxazolidines are well-known processes of this kind.[1,2] Substituted isoxazolidines have found numerous applications as enzyme inhibitors,[3,4] and as intermediates for the synthesis of a variety of compounds after cleavage of the N–O bond.[5] A significant amount of theoretical and experimental work has been devoted to the study of the selectivities of 1,3-dipolar cycloadditions. Pranata et al.[6] studied the regioselectivity of nitrone cycloadditions. In 1,3-DCs between the simplest nitrone and electron-rich alkenes, the ortho regioisomers were predicted to be more favorable than the meta, and in the case of electron-poor alkenes, calculations predicted a lack of regioselectivity. The reaction of the simplest nitrone with nitroethylene has been investigated by Cossio et al.;[7] their calculations predicted endo stereoselectivity and meta regioselectivity. Gandolfi[8] also studied the 1,3-DC of the simplest nitrone with vinylboranes. The calculations showed that the vinylboranes may undergo very fast [3+2] cycloaddition resulting in a single endo adduct. It was also pointed out that the boronyl substituent is intimately involved in the reaction mechanism via very strong B–O interactions that are able to produce very low energy barriers, and complete endo selectivity, via a type of effective and selective intramolecular catalysis.[9] Domingo[10] studied the 1,3-DC of C,N-diphenylnitrone with tert-butyl vinyl ether. His theoretical calculations predicted an exo-stereoselectivity with ortho-regioselectivity, which were in agreement with the experimental data. The exo-stereoselectivity was assigned, since in the case of the endo approach, steric hindrance develops between the phenyl group at the N atom and the tert-butyl group of the ether. Merino et al.[11a] studied the 1,3-DCs of both electron-poor and electron-rich alkenes with D-glyceraldehyde nitrone,[11b] glyoxylic nitrone,[11c] and C-heteroaryl nitrones.[11d] Taking into consideration the conformational lability of the nitrones, the predictions thus obtained were in good agreement with the experimental findings. Langlois et al.[12] performed calculations on frontier molecular orbital energies and coefficients of an oxazoline-type nitrone and electron-poor alkenes at the RHF/AM1 level. These studies confirmed the experimentally observed endo selectivity. The authors explained such preference by a second-order orbital interaction between the electron-withdrawing group of the olefin and the endo-ring oxygen atom of the nitrone.

Piotrowska[13] found experimentally that the 1,3-DCs of C-diethoxyphosphoryl-N-methylnitrone with allyl alcohol and methyl acrylate were regiospecific affording the corresponding ortho-trans-cycloadduct as the major regio- and diastereoisomer (Table 1). The major trans diastereoisomer originates from endo approach of the nitrone to the alkene, the minor cis derives from exo approach of the nitrone to the alkene (see Scheme 3).

Our aim in this work was to undertake a theoretical investigation of the regio- and stereoselectivities of the 1,3-dipolar cycload-

---

* Corresponding author. Tel.: +213 0778787313.
E-mail address: a.khoriefnacereddine@lsbo-univ-annaba.dz (A.K. Nacereddine).

0040-4039/$ - see front matter © 2010 Elsevier Ltd. All rights reserved.
doi:10.1016/j.tetlet.2010.03.025

Table 1
Experimental regio- and stereoselectivity ratios

Reaction	R	ortho:meta ratio	trans:cis ratio
1	CH$_2$OH	100.0	(62:38)
2	CO$_2$Me	100.0	(90:10)

Scheme 1. 1,3-Dipolar cycloaddition of C-diethoxyphosphoryl-N-methylnitrone with alkenes.

dition reactions of C-diethoxyphosphoryl-N-methylnitrone with substituted alkenes (Scheme 1) by analyzing the potential energy surfaces (PESs) corresponding to all possible regio- and stereo-cycloaddition channels, analysis of the frontier molecular orbital (FMO) interactions, and the global and local reactivity indices: the electronic chemical potential (μ) which is the opposite of electronegativity,[14] and the electrophilicity (ω) which is a measure of the stabilization of the system.[15] All calculations were carried out with GAUSSIAN 03.[16] Geometry optimization of the stationary points (reactants, transition structures, and products) was carried out using DFT methods at the B3LYP/6-31G (d,p) level of theory.[17] The stationary points were characterized by frequency calculations in order to verify that minima and transition states have zero and one imaginary frequency, respectively. The atomic electronic population and DFT-based reactivity indices were computed using natural population analysis (NPA).[18]

The electronic chemical potential, $\mu = \varepsilon_{HOMO} + \varepsilon_{LUMO}/2$.

The electrophilicity index, $\omega = \mu^2/\varepsilon_{LUMO} - \varepsilon_{HOMO}$.

As a computational model, we used the simplest phosphoryl nitrone 1 to investigate the regio- and diastereoselectivities of its reactions with allyl alcohol 2a and methyl acrylate 2b, and considered two reaction channels. The *endo* and *exo* approaches were investigated. Consequently, four transition states leading to four possible cycloadducts were located for each nitrone-alkene pair (Scheme 2). Table 2 shows the values of the FMO energies (a.u.) and molecular coefficients of the reactants. Figure 1 presents a schematic representation of the possible interactions between the FMOs (HOMO$_{dipole}$–LUMO$_{dipolarophile}$) and (HOMO$_{dipolarophile}$–LUMO$_{dipole}$).

According to Houk's rule,[19] in general, the regioselectivity of these cycloadditions can be rationalized in terms of more favorable FMO interactions between the largest coefficient centers of the dipole and the dipolarophile. The FMO analysis for the studied cycloadditions shows that the main interactions occur between the HOMO$_{dipolarophile}$ of alkene 2a and the LUMO$_{dipole}$ of nitrone 1 [in-

Scheme 3. The endo and exo approaches of nitrone 1 to alkenes 2a,b.

Table 2
The FMO energies (a.u.), electronic chemical potential (a.u.), and electrophilicity (a.u.) indices for the reactants

Reactant	HOMO	LUMO	μ	ω
1	−0.362	0.072	−0.144	0.024
2a	−0.366	0.175	−0.095	0.008
2b	−0.381	0.069	−0.156	0.027

verse electronic demand (IED) character], and in the reaction between nitrone 1 and alkene 2b the main interaction occurs between the HOMO$_{dipole}$ of nitrone 1 and the LUMO$_{dipolarophile}$ of the alkene 2b [normal electronic demand (NED) character]. In the reaction between nitrone 1 and alkene 2a, the most favored large-large interaction takes place between C1 of the alkene 2a and C3 of nitrone 1, and the small-small interaction takes place between C2 of 2a and O1 of nitrone 1 (*ortho* channel). In the reaction between nitrone 1 and alkene 2b, the most favored interaction takes place between O1 of nitrone 1 and C2 of alkene 2b (large-large) and the small-small interaction occurs between C3 of 1 and C1 of 2b (*ortho* channel). Consequently, we conclude that Houk's rule, based on the FMO model, correctly reproduces the experimental regioselectivity of these 1,3-DC reactions.

Table 2 shows the values of the FMO energies, electronic chemical potentials, and the global electrophilicity indices of the reactants. The electronic chemical potential of the dipolarophile 2a is (−0.095 a.u.) is larger than that of dipole 1 (−0.144 a.u.) indicating that the charge transfer will take place from the alkene 2a to nitrone 1; this is in agreement with the FMO analysis. Moreover, the global electrophilicity of nitrone 1 (0.024 a.u.) is higher than

Scheme 2. 1,3-Dipolar cycloaddition reactions of nitrone 1 and alkenes 2a and 2b.

FIG. 5.13 – Article page 2618

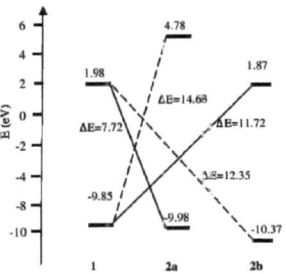

Figure 1. FMO interactions in the 1,3-DC reactions of nitrone 1 with alkenes 2a and 2b.

Table 3
Electrophilic and nucleophilic Fukui indices and local electrophilicities for the reactive atoms of the nitrone and the alkenes

	Nitrone 1		Alkene 2a		Alkene 2b	
	O1	C3	C1	C2	C1	C2
f^+	0.259	0.143	0.191	0.286	0.088	0.195
f^-	0.461	0.289	0.277	0.342	0.114	0.278
ω^+	0.188	0.092	0.042	0.062	0.064	0.146
ω^-	0.299	0.187	0.060	0.075	0.085	0.209

Table 4
Molecular coefficients of the FMOs for nitrone 1 and alkenes 2a and 2b

Reactant					
1	HOMO		LUMO		
	O1	C3	O1	C3	
	0.36276	−0.00014	−0.00012	−0.00010	
2a	HOMO		LUMO		
	C1	C2	C1	C2	
	0.28525	0.26538	0.36173	0.00409	
2b	HOMO		LUMO		
	C1	C2	C1	C2	
	−0.23847	−0.23311	0.14288	0.53726	

Table 5
Energies and relative energies (ΔE) of the reagents, transition states, and products

Reaction	System	E (a.u.)	ΔE (kcal/mol)
1+2a	Nitrone 1	−733.508	
	Alkene 2a	−193.120	
	TS-3-endo	−930.607	13.83[a]
	TS-3-exo	−930.601	17.87[a]
	TS-4-endo	−930.573	35.11[a]
	TS-4-exo	−930.590	24.90[a]
	Pt-3-cis	−930.674	−27.86[a]
	Pt-3-trans	−930.676	−29.00[a]
	Pt-4-cis	−930.670	−25.24[a]
	Pt-4-trans	−930.672	−27.01[a]
1+2b	Alkene 2b	−231.243	
	TS-5-endo	−1043.957	16.56[b]
	TS-5-exo	−1043.954	18.75[b]
	TS-6-endo	−1043.956	17.61[b]
	TS-6-exo	−1043.957	16.99[b]
	Pt-5-cis	−1044.019	−21.80[b]
	Pt-5-trans	−1044.019	−22.22[b]
	Pt-6-cis	−1044.002	−11.22[b]
	Pt-6-trans	−1044.010	−16.37[b]

[a] The energies of the TSs and products are referred to the sum $[E_1+E_{2a}]$.
[b] The energies of the TSs and products are referred to the sum $[E_1+E_{2b}]$.

that of alkene **2a** (0.008 a.u.). Consequently nitrone **1** will act as an electrophile whereas alkene **2a** will act as a nucleophile, and hence the reaction between **1** and **2a** possesses IED character. The electronic chemical potential of **2b** (−0.156 a.u.) is smaller than that of dipole **1** (−0.144 a.u.) indicating that charge transfer will take place from nitrone **1** to alkene **2b**, which is in agreement with the FMO analysis. Moreover, the global electrophilicity of alkene **2b** (0.027 a.u.) is higher than that of nitrone **1** (0.024 a.u.). Thus nitrone **1** will act as a nucleophile whereas alkene **2b** will act as an electrophile, and therefore the reaction of nitrone **1** with **2b** possesses NED character.

The local electrophilicity indices ω_k of atom k are easily obtained by projecting the global quantity into any atomic center k in the molecule by using the electrophilic Fukui index f. The Fukui function is $\omega_k = \omega f_k^+ = \omega[\rho_k(N+1) - \rho_k(N)]$ for nucleophilic attack, and $\omega_k = \omega f_k^- = \omega[\rho_k(N) - \rho_k(N-1)]$ for electrophilic attack. $\rho_k(N), \rho_k(N+1), \rho_k(N-1)$ are the gross electronic population of site k in neutral, anionic, and cationic systems, respectively.[20] The values of the Fukui indices f_k and local electrophilicity indices ω_k are reported in Table 3. For better visualization we have depicted these interactions in Scheme 4. In the reaction between **1** and **2a**, the most favorable two-center interaction takes place between C2 of alkene **2a** and O1 of the nitrone leading to the formation of the

Scheme 4. Illustration of the favorable interactions using local electrophilicity indices (ω+ bold, ω− normal).

ortho-regioisomer. In the reaction between **1** and **2b**, the most favorable interaction takes place between O1 of the nitrone and C2 of the alkene **2b**; these results are in agreement with the experimental findings (see Table 4).

The 1,3-dipolar cycloaddition reaction of nitrone **1** with dipolarophiles **2a** and **2b** can take place along four reactive channels corresponding to the endo and exo approach modes in two regioisomeric pathways, ortho and meta (Scheme 2). For each nitrone–alkene pair, we studied four TSs and four cycloadducts. The geometries of the eight TSs are given in Figure 2 together with the newly forming bond lengths. Table 5 reports the energies (a.u.) and relative energies (kcal/mol). The PESs, corresponding to all the reaction channels, are illustrated in Figure 3.

Reaction between **1** and **2a**: from the calculated relative energies, the ortho-endo approach (TS-3-endo) is favored kinetically in comparison with the other approaches; in addition, the ortho-trans product Pt-3-trans is favored thermodynamically. The low energy difference (1.14 kcal/mol) between Pt-3-trans and Pt-3-cis may suggest the formation of a mixture of diastereoisomers as observed experimentally. The meta-regioisomeric channels are unfavorable kinetically and thermodynamically due to steric hindrance between the phosphoryl group of the nitrone and the CH_2OH group of the alkene **2a**.

Reaction between **1** and **2b**: analysis of the relative energies reveals that the low activation energy (16.56 kcal/mol) for the ortho-endo approach (TS-5-endo) favored the formation of Pt-5-trans as the kinetic product, this preference is explained by the secondary π orbital interaction of the N-nitrone pz orbital with a vicinal Pz

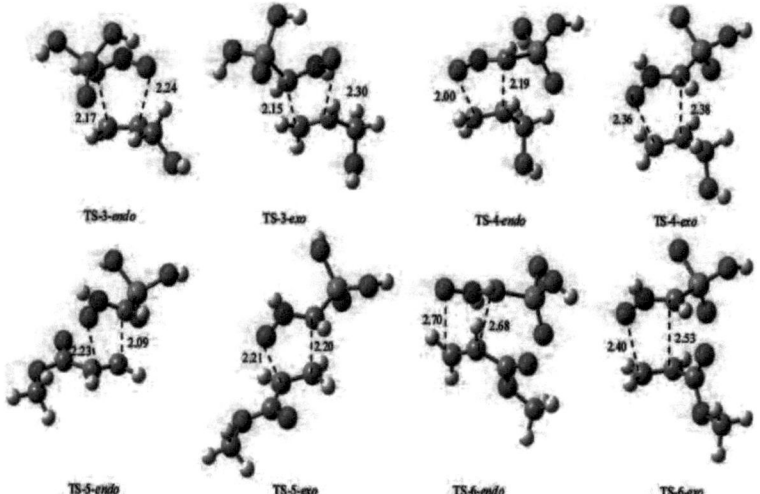

Figure 2. Transition structures of the two cycloaddition reactions of nitrone 1 with alkenes 2a and 2b.

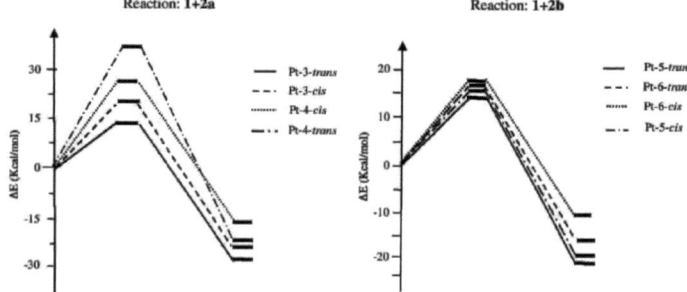

Figure 3. Energy profiles, in kcal/mol for the 1,3-DC reactions of nitrone 1 with alkenes 2a and 2b.

orbital on the alkene 2b, and this interaction is small.[21] The meta regioisomeric pathway is unfavorable due to steric hindrance between the phosphoryl group of the nitrone and the acyl group of alkene 2b. On the other hand, for the endo approach (TS-6-endo), there are unfavorable interactions between the oxygen atoms of the phosphoryl group of the nitrone and the ester group of the alkene 2b (Fig. 4). The distance between the oxygen atoms is 2.67 Å.

In conclusion the regio- and stereoselectivities of the 1,3-dipolar cycloaddition reactions of C-diethoxyphosphoryl-N-methylnitrone with substituted alkenes have been studied using DFT methods at the B3LYP/6-31G(d,p) level of theory. These calculations successfully explain the experimental results. The regioselectivity (ortho/meta channel) is controlled by FMO coefficients. We have shown that the most favorable interactions lead to the formation of the ortho-regioisomer in both reactions. The global and local DFT-based reactivity indices' analysis confirmed this regioselectivity. Comparison of the cycloadduct and TS energies indicates high endo-diastereoselectivity for both cycloadditions leading to the

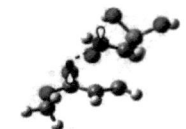 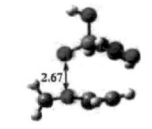

Interaction with the secondary P orbital in TS-5-*endo*

Unfavorable interaction between the oxygen atoms in TS-6-*endo*

Figure 4. Geometries of both *endo*-TSs for the 1,3-DCs of nitrone 1 with alkene **2b**.

formation of Pt-3-*trans* in the reaction between **1** and **2a**, which is favored kinetically and thermodynamically. In the reaction between **1** and **2b** the formation of Pt-5-*trans* is favored thermodynamically and kinetically, the latter due to stabilization by the secondary π orbital interaction of the *ortho-endo* approach (TS-5-*endo*). These results corroborate very well with the experimental observations.

References and notes

1. Padwa, A. *1,3-Dipolar Cycloaddition Chemistry*; Wiley: New York, 1984.
2. (a) Gothelf, K. V.; Jørgensen, K. A. *Chem. Rev.* **1998**, *98*, 863; (b) Karlsson, S.; Högberg, H. E. *Org. Prep. Proced. Int.* **2001**, *33*, 103; (c) Kobayashi, S.; Jørgensen, K. A. *Cycloaddition Reactions in Organic Synthesis*; Wiley-VCH: Weinheim, 2002; (d) Pellissier, H. *Tetrahedron* **2007**, *63*, 3235; (e) Padwa, A. In Padwa, A.; Pearson, W. H., Eds.; *Synthetic Application of 1,3-Dipolar Cycloaddition Chemistry Toward Heterocycles and Natural Products*; Wiley & Sons: Hoboken, NJ, 2003; (f) Merino, P. In *Science of Synthesis*; Padwa, A., Ed.; George Thieme: New York, NY, 2004; Vol. 27, p 511; (g) Torssell, K. B. G., *Nitrile oxides, Nitrones and Nitronates in Organic Chemistry*; VCH: New York, 1998; (h) Breuer, E.; Aurich, H. G.; Nielsen, A. *Nitrones, Nitronates and Nitroxides*; Wiley: New York, 1989; (i) Confalone, P. N.; Huie, E. M. *Org. React.* **1988**, *36*, 1; (j) De Shong, P.; Lander, S.; Leginus, J. M.; Dicken, C. M. In *Advances in Cycloaddition*; Curran, D. P., Ed.; JAI Press, 1988; Vol. 1, p 87; (k) Black, D.; Crozier, R. F.; Davies, V. C. *Synthesis* **1975**, 205.
3. Ding, P.; Miller, M.; Chen, Y.; Helquist, P.; Oliver, A. J.; Wiest, O. *Org. Lett.* **2004**, *6*, 1805.
4. Wess, G.; Kramer, W.; Schubert, G.; Enhsen, A.; Baringhaus, K. H.; Globnik, H.; Müller, S.; Bock, K.; Klein, H.; John, M.; Neckermann, G.; Hoffmann, A. *Tetrahedron Lett.* **1993**, *34*, 819.
5. Padwa, A.; Pearson, W. H. *Synthetic Applications of 1,3-Dipolar Cycloaddition Chemistry Toward Heterocycles and Natural Products*; Wiley & Sons: New York, 2002.
6. Magnuson, E. C.; Pranata, J. *J. Comput. Chem.* **1998**, *19*, 1795.
7. Cossío, F. P.; Morao, I.; Jiao, H.; Schleyer, P. *J. Am. Chem. Soc.* **1999**, *121*, 6737.
8. Rastelli, A.; Gandolfi, R.; Sarzi-Amande, M.; Carboni, B. *J. Org. Chem.* **2001**, *66*, 2449.
9. Di Valentin, C.; Freccero, M.; Gandolfi, R.; Rastelli, A. *J. Org. Chem.* **2000**, *65*, 6112.
10. Domingo, L. R. *Eur. J. Org. Chem.* **2000**, 2273.
11. (a) Merino, P.; Anoro, S.; Merchan, F. L.; Tejero, T. *Heterocycles* **2000**, *53*, 861; (b) Merino, P.; Mates, J. A.; Revuelta, J.; Tejero, T.; Chiacchio, U.; Romeo, G.; Iannazzee, D.; Romeo, R. *Tetrahedron: Asymmetry* **2002**, *13*, 173; (c) Merino, P.; Revualta, J.; Tejero, T.; Chiacchio, U.; Rescifina, A.; Romeo, G. *Tetrahedron* **2003**, *59*, 3581; (d) Merino, P.; Tejero, T.; Chiacci, U.; Romeo, G.; Rescifina, A. *Tetrahedron* **2007**, *63*, 1448.
12. Kouklovsky, C.; Dirat, O.; Berranger, T.; Langlois, Y.; Tam-Huu-Dau, M. E.; Riche, C. J. *Org. Chem.* **1998**, *63*, 5123.
13. Piotrowska Dorota, J. *Tetrahedron Lett.* **2006**, *47*, 5363.
14. Parr, R. G.; Von Szentpaly, L.; Liu, S. *J. Am. Chem. Soc.* **1999**, *121*, 1922.
15. Perez, P.; Domingo, L. R.; Aureli, M. J.; Contreras, R. *Tetrahedron* **2003**, *59*, 3117.
16. Frisch, M. J.; Trucks, G. W.; Schlegel, H. B.; Scuseria, G. E.; Robb, M. A.; Cheeseman, J. R.; Montgomery, J. A. Jr.; Vreven, T.; Kudin, K. N.; Burant, J. C.; Millam, J. M.; Iyengar, S. S.; Tomasi, J.; Barone, V.; Mennucci, B.; Cossi, M.; Scalmani, G.; Rega, N.; Petersson, G. A.; Nakatsuji, H.; Hada, M.; Ehara, M.; Toyota, K.; Fukuda, R.; Hasegawa, J.; Ishida, M.; Nakajima, T.; Honda, Y.; Kitao, O.; Nakai, H.; Klene, M.; Li, X.; Knox, J. E.; Hratchian, H. P.; Cross, J. B.; Bakken, V.; Adamo, C.; Jaramillo, J.; Gomperts, R.; Stratmann, R. E.; Yazyev, O.; Austin, A. J.; Cammi, R.; Pomelli, C.; Ochterski, J. W.; Ayala, P. Y.; Morokuma, K.; Voth, G. A.; Salvador, P.; Dannenberg, J. J.; Zakrzewski V. G.; Dapprich, S.; Daniels, A. D.; Strain, M. C.; Farkas, O.; Malick, D. K.; Rabuck, A. D.; Raghavachari, K.; Foresman, J. B.; Ortiz, J. V.; Cui, Q.; Baboul, A. G.; Clifford, S.; Cioslowski, J.; Stefanov, B. B.; Liu, G.; Liashenko, A.; Piskorz, P.; Komaromi, I.; Martin, R. L.; Fox, D. J.; Keith, T.; al-Laham, M. A.; Peng, C. Y.; Nanayakkara, A.; Challacombe, M.; Gill, P. M. W.; Johnson, B.; Chen, W.; Wong, M. W.; Gonzalez, C.; Pople, J. A. *GAUSSIAN 03, Revision D.01*; Gaussian: Wallingford, CT, 2004.
17. (a) Becke, A. D. *J. Chem. Phys.* **1993**, *98*, 5648; (b) Becke, A. D. *Phys. Rev. A* **1988**, *38*, 3098; (c) Lee, C. Yang, W.; Parr, R. G. *Phys. Rev. B* **1988**, *37*, 785.
18. Reed, A. E.; Weinhold, F. *J. Chem. Phys.* **1983**, *78*, 4066.
19. Houk, K. N. *Acc. Chem. Res.* **1975**, *8*, 361.
20. Domingo, L. R.; Aurell, M. J.; Perez, P.; Contreras, R. *J. Phys. Chem. A* **2002**, *106*, 6871.
21. Gothelf, K. V.; Hazell, R. G.; Jørgenson, K. A. *Org. Chem.* **1996**, *61*, 1.

Nom : KHORIEF NACEREDDINE
Prénom : Abdelmalek

Titre de thèse : Etude expérimentale et théorique des réactions de cycloaddition.
Mots clés : Cycloaddition dipolaire-1,3, Régiosélectivité, Stéréosélectivité, Calculs DFT, Analyse OMF.

Résumé

Dans ce travail de thèse, nous avons étudié théoriquement la régiosélectivité et la stéréosélectivité observées expérimentalement dans les réactions de cycloaddition dipolaire-1,3 entre la C-diéthoxyphosphoryl-N-méthylnitrone et des alcènes diversement substitués. Ce travail a été réalisé utilisant la méthode DFT au niveau B3LYP/6-31G(d,p). L'analyse des OMF et des indices de réactivité dérivant de la DFT confirment la voie régioisomérique *ortho*. l'analyse du surface d'énergie potentiel montre que ces réactions de cycloaddition favorisent la formation du cycloadduit *ortho-trans* dans les deux cas. Les résultats obtenus sont en accord avec les données expérimentales.

Oui, je veux morebooks!

i want morebooks!

Buy your books fast and straightforward online - at one of the world's fastest growing online book stores! Environmentally sound due to Print-on-Demand technologies.

Buy your books online at
www.get-morebooks.com

Achetez vos livres en ligne, vite et bien, sur l'une des librairies en ligne les plus performantes au monde! En protégeant nos ressources et notre environnement grâce à l'impression à la demande.

La librairie en ligne pour acheter plus vite
www.morebooks.fr

OmniScriptum Marketing DEU GmbH
Heinrich-Böcking-Str. 6-8
D - 66121 Saarbrücken
Telefax: +49 681 93 81 567-9

info@omniscriptum.de
www.omniscriptum.de

Printed by Books on Demand GmbH, Norderstedt / Germany